스스로
결정하는 아이

아이를 인생의 주인공으로 만드는 육아법

스스로 결정하는 아이

야나기사와 아야코 지음
양지연 옮김

21세기북스

"아이 또한 자신의 결정에 행복을 느낀다."
아이도 자기 삶을 결정하는 독립적인 존재

아이를 '스스로 결정을 내리며 행복해할 수 있는 독립적 존재'로 바라보는 저자의 통찰력이 울림을 준다. 양육의 목적은 단순히 잘 키우는 것이 아니라 부모와 아이가 함께 행복해지는 것이라는 저자의 메시지도 읽는 내내 공감을 이끈다.

저자는 좋은 의도였지만 잘못하고 있었던 부모의 말과 행동이 아이에게 미치는 영향을 과학적으로 설명하며, 어떤 말과 행동이 스스로 결정하는 아이로 자라게 하는지를 체계적으로 알려준다. 굳이 뭔가를 준비하지 않아도 된다는 저자의 실천적인 방법은 무엇을 더 해 줄지보다 무엇을 덜 해줄지를 고민하게 하여 부모의 마음에 여유를 준다. 책 속에 소개된 바로, 발달 단계에 맞춰 달리 제시된 방법들은 육아에 대한 고민이 생길 때마다 10년은 두고 꺼내 볼 만한 가치를 지닌다.

이 책은 부모가 실천하기 어려운 자녀 교육서와는 거리가 멀다. 일상에서 마주하는 현실적인 상황과 어려움을 생생히 담아내어, 책과 인터넷에서 이상적으로만 묘사된 육아와의 괴리를 명쾌하게 해결한다. 또한, 부모의 마음을 돌보는 동시에 부모의 삶까지 편해지는 방법도 알려준다.

연간 500편 이상의 논문을 분석한 풍부한 연구 경험과 과학적 근거에 기반한 저자의 지혜는 혼동된 용어들을 올바르게 정의하고 육아 가치관을 재정립하게 돕는다. 의사로서의 해박한 전문 지식과 엄마로서의 따뜻한 시선이 담긴 저자의 안내를 따라가다 보면 아이 삶에 촘촘한 행복을 채워주는 일이 그리 어렵지 않음을 깨닫게 된다. 스스로 결정하는 아이는 행복을 결정하는 어른으로 자랄 것이다.

『자발적 방관육아』 저자 최은아

• 프롤로그 •

'내 아이가 행복한 인생을 살면 좋겠다.'

저를 비롯하여 모든 부모의 바람일 것입니다. 그런데 어떻게 해야 아이가 행복해질까요?

의사로 일하는 동안 가족들이 환자의 행복에 대해 고민하는 모습을 수없이 봤지만, 막상 엄마가 되어 보니 아이의 행복을 위해 부모가 어떻게 해 줘야 할지 알 수 없어 답답했습니다.

대학에서 연구원으로 일하는 동안, '어떻게 하면 아이가 행복하게 살 수 있을까?'라는 질문에 대한 답을 찾을 수 있지 않을까 하는 희망을 품고 의학, 사회학, 교육학, 경제학 등 다양한 분야의 논문을 샅샅이 뒤졌습니다. **아이의 행복을 위해 부모가 할 수 있는 일이 분명 뭔가 있다**라고 확신했기 때문이죠.

다양한 논문의 연구 결과를 분석해 보니, 세계의 석학, 과학자들은 행복감을 결정하는 요인으로 대체로 다음의 3가지를 뽑았습니다.

바로 **건강, 인간관계 그리고 자기결정**입니다.

고베대학교 사회시스템 이노베이션 센터 니시무라 가즈오(西村和雄) 교수의 연구에 따르면 사람은 소득, 학력, 재산, 명예와 같은 외부적, 물질적 성취를 이뤘을 때보다 **인생을 스스로 선택할 때 더 큰 행복을 느낀다**고 합니다.[1]

인생은 선택의 연속입니다. 그리고 아이들의 인생 앞에는 수많은 선택의 기회가 있습니다.

지금까지의 나의 인생은 어땠을까요?

진학, 취직, 결혼 등 굵직한 삶의 전환기는 물론 어디서 살지, 무엇을 먹을지, 어디로 놀러 갈지, 감기에 걸렸을 때 어느 병원에 갈지, 보험을 들지 저축을 할지 등 매년, 매달, 매일, 매시간, 어쩌면 매분 스스로 뭔가를 결정해야 하는 선택의 연속이었습니다.

영국 케임브리지대학의 임상 심리학 교수인 바바라 사하키안(Barbara Sahakian)이 발표한 연구 결과를 보면 사람은 하루에 최대

3만 5천 번의 선택을 한다고 합니다.[2]

그러면 잠시 내 아이를 생각해 볼까요? 아이가 무언가를 선택하는 순간마다 부모가 늘 함께할 수 있을까요?

아직 어린아이라면 대부분의 일을 부모가 결정하겠지요. 무슨 옷을 입을지, 어디에서 무엇을 하며 놀지, 무엇을 먹을지 일일이 챙겨 줄 것입니다.

하지만 언제까지 부모가 쫓아다니며 정해 줄 수는 없는 노릇입니다. 세상은 앞으로 급속도로 변해 갈 테고 앞으로 아이들이 살아갈 세상은 지금까지 내가 살아온 세상과는 많이 달라질 것입니다. 필요하다면 조언해 줄 수는 있지만 그 조언이 모두 옳다고 장담할 수도 없습니다.

결국 아이 스스로 생각하고 결정할 수 있는 능력이 있어야 새로운 환경이나 상황에 놓이더라도 당당히 혼자 헤쳐 나갈 수 있고, 그럴 때 아이의 행복감도 커질 것입니다.

부모가 해야 할 확실한 역할

과거에는 조부모나 이웃의 경험자로부터 육아에 관한 조언을 듣고 도움을 받았습니다. 그러나 지금은 자녀 교육에 관한 책이 넘쳐날 뿐만 아니라 대학교수, 교사 등 육아 전문가들이 출연하는 육아 관련 동영상이 하루가 멀다 하고 온라인에 올라옵니다.

한편 과학도 엄청난 속도로 발전했습니다. 수많은 데이터를 통합하는 연구 방법이 개발되고 데이터를 분석하는 컴퓨터의 기능도 향상되어 더욱 정밀하고도 수준 높은 연구 결과를 도출하게 되었습니다. 이러한 최첨단 과학은 행복이라는 추상적인 영역을 해석하고 행복하기 위한 최선의 길을 모색하는 일에도 흥미로운 결과를 쏟아 내고 있습니다.

저는 연구원으로 일하며 전 세계의 최신 과학 논문을 연간 500편 이상 읽었습니다. 이 책은 **수많은 과학 논문에서 뽑아낸 근거를 바탕으로 '스스로 결정하는 아이'로 키우려면 부모가 어떤 태도로 아이를 대하고 어떤 말을 어떤 방식으로 해줘야 하는지 정리한 책**입니다.

스스로 결정하는 아이로 자라기를 바란다면 우선 부모의 말과 태도가 바뀌어야 합니다. 저 또한 엄마가 처음이라 아이를 대할 때마다 '이래도 되나, 이게 맞나?' 하루에도 몇 번씩 갈팡질팡 헤맵니다. 그럴 때마다 전 세계 과학자들의 신뢰도 높은 연구를 읽으며 큰 도움을 받았습니다. 이 책이 저처럼 하루하루 애타는 마음으로 아이와 마주하는 부모와 보호자에게 조금이나마 도움이 된다면 더할 나위 없이 기쁘겠습니다.

유소년기가 결정적 시기

스스로 결정하는 아이의 바탕은 유소년기(0~12세)**에 만들어집니다.**

이 책은 유소년기에 초점을 맞추어 과학적 근거를 바탕으로 아이를 대할 때 신경 써야 할 부모의 말과 태도를 정리했습니다. 중학생 정도의 나이가 되면 부모나 보호자가 해 주던 일을 아이 스스로 정하고 행동하는 상황이 많아집니다. 그렇기에 유소년기 자녀를 키우는 부모의 양육 방식은 무척 중요합니다.

스스로 결정하는 아이가 되는 5가지 힘

스스로 결정하는 아이가 되기 위해서는 5가지 힘이 필요합니다. 5가지 힘은 어떤 것이며 이 힘을 키우기 위해 부모가 실천할 방법은 어떤 것인지 사례와 함께 소개했습니다.

①의사소통 능력

노벨경제학상을 수상한 미국의 경제학자이자 인지심리학자인 허버트 사이먼(Herbert Simon)은 의사결정을 하려면 먼저 현상을 파악하고 문제를 발견할 수 있어야 한다고 말합니다. 문제를 발견하기 위해선 정보가 충분해야 합니다. 아이는 아직 성인보다 경험이 적다 보니 정보량도 적습니다.

아이가 정보를 늘리는 가장 손쉽고 빠른 수단은 타인의 경험치를 빌리는 것입니다. 이때 바로 필요한 것이 의사소통 능력이지요.

②사고력

의사소통 능력을 발휘해 정보를 모았다면 다음은 문제를 해결할 방법을 찾아야 합니다. 모은 정보를 바탕으로 눈앞의 문제를 해결할 방법에 대해 스스로 고민할 때 사고력이 자랍니다.

③자기 긍정감

해결책이 몇 가지 떠올랐다면, 내가 가진 수단 가운데에서 최적의 대책을 골라내야 합니다. 이때 자기 긍정감이 큰 역할을 합니다. 자기 긍정감이 높은 아이는 자기가 고른 선택지를 믿고 앞으로 당당히 나아갑니다.

④포기하지 않는 마음

이제 스스로 선택한 해결책의 성과를 평가하고 분석하는 일이 남았습니다. 스스로 선택한 일에 자신이 없을 때도 있고 잘못 선택했다고 후회할 때도 있을 겁니다. 포기하지 않는 마음을 쑥쑥 키워 온 아이라면 실패하더라도 다시 일어나 문제와 맞설 것입니다.

⑤좋아서 하는 열정

좋아서 하는 열정은 앞의 4가지 힘을 종합한 힘입니다.

이 힘이 있으면 스스로 결정한다 ↔ 좋아하는 일이 있으니 열심히 한다.

이렇게 선순환이 반복되면서 스스로 결정하는 아이로 성장합니다.

스스로 결정하는 아이의 3가지 편해짐

이 책은 스스로 결정하는 아이로 키우는 방법을 알려 주는 것이 목적입니다. 그런데 두 아이를 키우는 엄마로서 이 방법을 실천하다 보니 **부모의 삶도 편해진다**는 부차적인 성과도 얻을 수 있었습니다.

다음처럼 단계별로 스스로 결정하는 아이가 주는 편리함을 누려 보기 바랍니다.

①오늘 당장 편해진다

"나만 이런 고민을 하는 게 아니야!", "해결책이 있었어."라고 안도하며 부모의 마음이 편해집니다.

②시간이 흐를수록 편해진다

이 책에서 추천하는 스스로 결정하는 아이가 되는 방법을 실천하다 보면 아이에게 스스로 하는 습관이 자리 잡습니다.

예를 들어 어린아이는 신발을 혼자서 잘 신지 못합니다. 부모가 신겨 주면 당장은 편하겠지만 언제까지고 계속 신겨 줄 수는 없습니다. 처음에는 시간이 걸리겠지만, 스스로 신는 노력을 옆에서 지켜봐 준다면 긴 안목에서 볼 때 부모도 아이도 모두 편하게 됩니다.(급할 때는 무리하지 말고 신발을 신겨 주고 아이를 안고 뜁시다!)

③아이가 자립하면서 편해진다

앞에서 언급한 니시무라 가즈오 교수의 연구 논문 「행복감과 자기결정」에 따르면 스스로 결정하는 아이는 성인이 된 후에도 행복감이 높다고 합니다.

반면에 스스로 결정하지 못했다는 자각이 강한 아이는 성인이 된 후, 정신적 스트레스를 호소하는 일이 많다는 연구 결과도 확인할 수 있습니다.

스스로 결정하는 아이는 인생의 주인공으로 자기의 삶을 스스로 헤쳐 나갈 수 있는 만큼, 부모는 그저 옆에서 지켜봐 주기만 하면 됩니다.

이 책에서 소개하는 여러 방법 중에 어려운 방법은 없습니다. 또한, 세계의 최신 연구가 과학적으로 입증된 실천하기 쉬운 구체적인 방법입니다. 그러니 오늘부터 한번 시도해 보시기 바랍니다.

• 차례 •

2장

사고력

문제의 해결책을 찾는 힘

3장 자기 긍정감 나를 믿는 힘

4장

포기하지 않는 마음

실패해도 다시 일어서는 힘

5장

좋아서 하는 열정

스스로 성장할 수 있는 힘

1장

의사소통 능력

지식과 경험을 늘리는 힘

의사소통 능력을 좌우하는 부모의 말

유소년기는 뇌가 발달하는 시기

스스로 결정하는 아이가 되기 위해 필요한 첫 번째 힘은 **의사소통 능력**입니다.

2017년 하버드대학 심리학 교수인 사무엘 거쉬만(Samuel J. Gershman)은 인간이 AI보다 뛰어난 능력이 뭘까를 분석하는 흥미로운 연구를 진행했습니다.[1] 그 결과 **타인에게서 얻은 정보에 자기의 경험을 더해서 시뮬레이션 하는 능력**은 인간이 훨씬 뛰어나다는 사실을 밝혀냈습니다. 인간은 자기의 경험뿐만 아니라 타인에게서 얻은 정보도 활용해 문제 상황을 파악하고 대책을 마련합니다. 혼자 경험할 수 있는 일은 적지만 이런 능력 덕분에 인간은 더 많은 일을 경험하고 배웁니다.

자기의 경험에 타인의 정보를 더하기 위해선 타인과 의사소통을 해야 합니다. 의사소통 능력을 갖추지 못하면 인간만이 지닌 이 능력을 제대로 살릴 수 없겠지요.

그렇다면 의사소통 능력은 타고나는 것일까요? 아니면 후천적인 훈련을 통해 배울 수 있을까요? 이 질문의 답은 뇌의 구조에서 찾을 수 있습니다.

뇌는 내측과 외측의 기능이 다릅니다. 뇌의 내측에는 생명 활동을 원활히 하는 기능이 모여 있습니다. 반대로 뇌의 외측에는 인간만이 특별하게 발달한 고도의 기능이 들어 있습니다.

의사소통 능력을 담당하면서 '전두엽'이라 불리는 뇌의 부분은 태어나서부터 서서히 성장하는데 사춘기 무렵에 가장 폭발적으로 발달합니다. 즉 **의사소통 능력의 많은 부분을 담당하는 뇌의 부분은 전두엽인데, 전두엽은 유소년기에 활발히 발달하기 때문에 이 시기에 의사소통 능력이 집중적으로 길러진다고 할 수 있습니다.**

부정적인 말이 아이의 어휘력을 뺏는다

아이의 의사소통 능력을 키우기 위해 부모가 할 수 있는 일은 무엇일까요. 1992년 캔자스대학 심리학과 교수였던 베티 하트(Betty Hart)와 그의 스승인 토드 리즐리(Todd R. Risley)가 함께 한 연구에서 힌트를 얻을 수 있습니다.[2]

이 연구에 따르면 **아이가 한두 살 때 부모가 긍정적인 말을 많이 해 준 아이는 그렇지 않은 아이보다 세 살이 됐을 때 약 두 배나 많은 어휘를 기억**했다고 합니다.

아이에게 긍정적인 반응을 보이면서 육아했을 때와 그렇지 않은 때를 비교한 연구도 있습니다. 긍정적인 피드백을 받으며 자란 아이는 초등학생 (6~12세) 이후 학업 능력이 상승했다는 결과가 나왔습니다.[3]

"더러우니까 만지지 마.", "위험하니까 올라가지 마.", "시간 없으니까 하지 마." 등 아이와 지내다 보면 아이의 행동을 제지하는 말이 나도 모르게 튀어나오지요.(저는 그렇습니다.)

정말로 위험할 때는 아이의 행동을 제지하는 것이 당연하지만, 이런 말을 계속 듣다 보면 몸으로 부딪쳐 뭔가를 느끼거나 생각할 기회를 잃고 맙니다. 그러면 '스스로 결정하는 아이'와도 멀어집니다.

그렇다면 어떤 식으로 대화를 하는 것이 아이의 의사소통 능력을 키우는 데 도움이 될까요? 핵심을 짚어 보겠습니다.

핵심적인 방법은 부모의 경청

"오늘 있잖아, 모래 놀이터에서 승우가 다 같이 만든 모래성을 무너뜨렸어. 수민이가 그래서 엉엉 울었어. 그랬더니 나도 눈물이 났어. 우리 다 울었어."

유치원에서 돌아온 아이가 오늘 있었던 일을 이야기합니다. 아이가 이야기할 때 보통 어떻게 반응하시나요?

"승우가 잘못했네!"

"모래성은 어떻게 됐어?"

"선생님은 뭐라고 하셨어?"

이것저것 묻고 싶은 게 많을 수밖에 없습니다.

하지만 우선 누군가의 말을 잘 듣는 일은 매우 중요합니다. 아이는 이제 막 말문을 트고 말하는 방법을 하나하나 익혀 가는 중이어서 어른들이 듣기에는 한없이 답답하게 느껴집니다.

아이의 얘기에 무심코 끼어들다

대화의 황금 비율은 아이 9 : 부모 1

하지만 **아이의 말을 잘 듣는 것이 아이의 의사소통 능력을 키우는 가장 중요한 방법**이라면요?

단 몇 분만 손을 멈추고 아이의 말에 집중합시다. 엄마 아빠가 내 이야기를 진지하게 들어 주는 그 순간을 아이는 무척 소중하게 기억할 것입니다.

아이는 자신이 한 인격체로 존중받는다는 안도감과 부모에 대한 신뢰를 바탕으로 다른 사람을 수용하는 태도를 자연스럽게 익힙니다. 단 몇 분의 대화로 의사소통 능력을 키워 나가는 토대가 만들어집니다.

대화의 황금 비율은 아이 9 : 부모 1

바빠서 아이의 이야기를 들을 시간이 없다는 분은 경청을 잘하는 주변 사람을 떠올려 보세요. 잘 듣는 사람은 어떤 점이 다를까요?

듣기에는 **수동적 경청과 적극적 경청**의 두 종류가 있습니다.

수동적 경청은 상대가 하는 말을 별말 없이 듣기만 합니다. 맞장구를 치거나 고개를 끄덕이는 등의 몸짓을 보이기도 하지만 기본적으로는 그저 조용히 들을 뿐입니다.

적극적 경청은 1957년 미국의 심리학자 칼 로저스(Carl Rogers)가 제안한 듣기의 기술로 그는 상대가 하는 말뿐만 아니라, 말 뒤에 숨은 의도와 감정, 기분의 변화까지 들어야 한다고 주장합니다.[4] 상대방의 말을 잘 듣는 사람은 아마도 이런 적극적 경청의 태도가 몸에 밴 사람이겠지요.

적극적 경청을 통해 이해력이 높아지고 자신감이 생기며 친구 관계가 좋아지고 정신적 안정감도 얻을 수 있다는 연구 결과도 있습니다. 잘 듣는 일은 의사소통 능력뿐만 아니라 아이의 학업 성적, 자기 긍정감도 높여 줍니다.

상대방의 말을 들을 때에는 그냥 듣기만 할 게 아니라 **말을 이해하기 위해 적극적으로 노력하는 태도와 반응**이 필요합니다. 이것을 적용한 아이와의 대화 원칙은 **아이 9 : 부모 1**입니다. 이는 아이와 부모가 말을 하는 비율을 말합니다. 대화의 90퍼센트는 아이에게 양보합니다. 부모는 그 말을 들으면서 나머지 10퍼센트만 채워 줍니다.

그런데 실제로 이 원칙을 지키기가 무척 어렵습니다. 아이의 말은 요령이 없고 어디로 튈지 모르며 엉뚱한 단어가 등장하기도 해서 실제보다 몇십 배나 더 길게 느껴집니다.

또한 부모는 자기 아이에 대해 '우리 애는 이런 아이'라는 선입견이 있기 쉽습니다. 그 때문에 아이가 말을 꺼내는 순간 부모는 선입견을 내세워 아이의 이야기가 앞으로 진행될 내용과 도달할 결론을 넘겨짚으며 듣습니다.

위 사례에서도 부모는 무의식중에 '얘는 분명 모래성이 망가져서 울었겠구나.', '선생님한테 말하러 갔겠지.' 등 아이가 말하는 사건을 예상하고 앞질러 갑니다. 그래서 아이가 모래 놀이터에서 있었던 일을 말하는데 "속상했겠네.", "화났겠다.", "다시 만들면 되지."와 같이 반응하며 아이가 말을 끝내기도 전에 끼어듭니다.

바로 이 부분에 아이와의 대화 중에 어른이 빠지기 쉬운 안타까운 함정이 숨어 있습니다. 이를 '인지 편향'이라고 부릅니다. 인지 편향은 직감, 선입견, 타인의 영향 등 상황과 직접적인 관련이 없는 것들의 영향으로 비논리적인 사고를 하는 뇌의 습관을 말합니다. **부모가 지닌 인지 편향이 아이의 말을 잘 듣는 것을 방해**

합니다.

아이의 이야기를 잘 들어 보면 "부서진 모래성에서 잃어버렸던 강아지 장난감이 나와서 기뻤어."라는 결론이 나올지도 모릅니다.

아이는 부모가 자기 얘기를 끝까지 들어 주지 않으니 '내 얘기는 듣지도 않고 속상하지도 않으면서 말로만 속상하다고 하고.', '어차피 다시 말해도 들어 주지 않을 거야. 내 마음을 모를 거야.'라는 사고 회로에 빠집니다. 부모가 지닌 인지 편향으로 아이의 말을 일방적으로 단정 짓게 되면 아이를 이런 사고 회로에 빠뜨리는 의외로 무서운 결과로 이어지기도 합니다.

저도 시간이 없을 때는 "그랬구나, 속상했겠네!" 하고 공감 비슷한 말을 던지며 이야기를 대충 마무리 지으려 하는데, 그런 말이 부모와의 대화에 대해 부정적인 사고 회로를 만드는 결과를 낳는다고 생각하면 참으로 걱정이 됩니다.

듣는 역할 시간 정하기

바쁜 하루를 보내는 와중에 아이 9 : 부모 1을 항상 지키기 어렵지만, 일상에서 쉽게 실천할 방법도 있습니다. 바로 듣는 역할에 집중하는 시간을 정하는 것입니다.

예를 들어 저녁 식사를 준비하면서 아이의 이야기를 듣는다면 '쌀을 씻는 동안은 듣는 역할에만 집중하자.', '양파를 다 자를 때까지는 잘 듣고 있자.'라고 듣는 역할에 집중하는 시간을 정하세요. 겨우 2, 3분의 시간이지만 처음에는 깜짝 놀랄 만큼 길게 느껴질 거예요. 하지만 이 작은 시간이 쌓이면서 아이의 의사소통 능력은 달라집니다.

듣는 역할에 집중한다고 해도 어떻게 들으면 좋을지 모르겠다는 분은 다음 내용을 참고하시기 바랍니다.

야단치기 전에 생각 먼저

"오늘 친구랑 같이 계단에서 실내화 던지기를 했는데 신나서 떠들다가 선생님께 혼났어. 그렇지만 진짜 재미있었어!"

초등학교 2학년 아들이 학교에서 있었던 일을 조잘조잘 얘기합니다. 얘기를 듣던 엄마는 자기도 모르게 이렇게 말하며 끼어듭니다.

아이가 하지 말아야 할 행동을 알아듣게 말해 주려면?

기분에는 공감, 행동에는 조언을 하자

"계단 밑에 사람이 있었으면 어떡하려고! 위험한 짓을 하지 말라고 몇 번이나 말해!"

계단 밑에 사람이 있었다면 다치기도 할 테니 위험한 행동인 것은 틀림없습니다. 그 모습을 선생님이 봤다면 똑같은 말로 주의를 줬을 것입니다. 부모로서 '지금 당장 아이를 야단치지 않으면 나중에 누군가를 다치게 할 수도 있다!'라고 걱정할 만합니다. 하지만 야단치는 순간에도 적극적 경청을 활용하면 아이의 의사소통 능력을 키우는 기회가 됩니다.

보통 아이의 얘기를 자세히 듣지 않고 엄마가 충고하는 데에 문제가 숨어 있습니다. 어른끼리 대화할 때를 떠올려 보세요. 어른끼리라면 우선 상대방의 이야기를 끝까지 듣고 상황을 이해하려고 애씁니다. 앞뒤 사정을 듣지 않고 느닷없이 화부터 내지는 않습니다.

하지만 아이나 가족 같은 가까운 사람일수록 우리는 당장 충고부터 하고 싶어 합니다. 특히 아이에게는 부모가 과거 자기 경험에 바탕을 두고 무의식적으로 "이렇게 해야지.", "이러면 안 돼." 등 **아이가 요구하지도 않은 충고를 무턱대고 들이밉니다.**

적극적으로 경청하려면 **이야기하는 상대의 상황과 말에 공감하면서 의도를 분명하게 파악하기 위해 집중**해야 합니다. 또한 적극적인 경청을 할 때 상대방의 말이 옳은지 틀렸는지, 좋은 일인지 나쁜 일인지 판단하지 말아야 합니다.(물론 더 대화를 진행하면서 좋은 일과 나쁜 일을 구분해 주고 위험한 행동에 대해서는 반드시 지도해야 합니다.)

먼저 아이의 마음을 요약하기

그렇다면 아이에게 어떻게 대답하면 좋을까요? 이럴 때는 상대방의 말을 **인용하는 기법**을 쓰면 효과적입니다. 상대방의 말을 인용하는 기법은 **적극적 경청 방법의 하나로 들은 말을 정리해서 다시 말하거나 요약하는 것**을 가리킵니다.

앞에서와 같은 경우라면 야단치고 싶은 마음을 꾹 누르고 우선 이야기를 끝까지 듣습니다.

“그랬구나. 다 같이 신나게 떠들며 놀아서 재밌었겠네.”

아이가 “재미있었다.”라고 말한 내용을 인용하면서 하고 싶은 말을 다 하도록 기다립니다. 아이의 얘기가 끝났다면 “그런데 계단 밑에 사람이 있었다면 어떻게 됐을까?” 하고 아이가 자신이 한 행동을 객관적으로 볼 수 있게 질문을 던집니다. 아이는 분명 “위험할 뻔했구나, 다음엔 조심해야겠네."라고 대답할 것입니다.

스스로 생각하고 대답을 찾는 과정에서 의사소통 능력은 길러지고 나아가 스스로 결정하는 아이로 자라게 됩니다.

위로하려고 한 말이 더 우울하게 만든다

"오늘 체육 시간에 이어달리기하는데 내가 바통을 떨어뜨렸어. 떨어뜨리기 전까지는 우리 반이 1등이었는데, 나 때문에 시합에서 졌어. 친구들한테 너무 미안해. 학교 가기 싫어."

아이가 다음 주 열리는 운동회에서 반 대항 이어달리기 대표 선수로 나간다며 들떠 있었는데 연습하다 실수했는지 기분이 안 좋습니다. 위로하려고 이렇게 말을 건넸습니다.

"네 마음 알아. 엄마도 이어달리기할 때 바통 떨어뜨린 적 있어. 게다가 떨어진 바통을 밟는 바람에 아주 꼴사납게 넘어져서 애들이 학교가 떠나가라 웃어댔지. 그렇지만 그런 거 별일 아니야! 엄마는 그 뒤로도 학교 잘 다녔거든. 괜찮아, 괜찮아!"

이 말을 듣고 아이가 오히려 마음의 문을 더 꽁꽁 닫아 버린 느낌입니다. 왜 그럴까요?

“별일 아니야!” 라고 위로하지 말자

공감 그리고 질문이면 된다!

이런 상담을 받은 적이 있습니다. 아이의 마음을 어떻게든 위로하려고 노력하는 좋은 엄마네요. 하지만 이번 사례에도 적극적 경청이 빠지기 쉬운 함정이 있습니다.

아이에게는 일생일대의 사건

이번 사례에서는 언뜻 보면 공감을 잘 표현하는 것처럼 보입니다. 하지만 여기에도 문제가 있습니다. 어느 부분인지 짐작이 가시나요? 엄마가 **아무렇지 않게 내뱉은 "네 마음 알아!", "괜찮아!"** 바로 이 말 때문입니다.

부모의 수십 년 인생 경험에서 보자면 흔하고 사소한 실수가 아이에게는 이보다 더 비참할 수 없는 인생 최대의 사건일 수 있습니다. 부모님 자신의 어린 시절을 떠올려 보세요. 반 친구와의 말다툼, 숙제를 깜빡한 일, 준비물을 빠트린 일 등 때문에 큰 사건이라도 벌어진 듯 온종일 마음 졸이지 않았나요?

"나도 알아." "괜찮아!" 이런 말이 때로는 아이에게 큰 상처를 주기도 합니다. 아이를 격려하고 싶을 때 불쑥 튀어나오기 쉬운 말이지만 오히려 역효과를 가져오기도 합니다. 아무렇지 않게

"나도 알아.", "괜찮아!"라고 말하면 아이는 '그렇게 간단한 문제가 아니야! 엄마 아빠는 어차피 이해 못해. 뭐가 괜찮다는 거야. 난 이렇게 힘든데……'라고 느끼기도 합니다. 이처럼 공감인 듯 **공감이 아닌 말이 오히려 아이의 마음 문을 닫게 만들기**도 합니다.

공감과 깊이 있는 질문으로 마음을 연다

이럴 때는 적극적 경청에 도움이 되는 **깊이 있는 질문하기**를 추천합니다. 앞의 사례와 같은 상황에서 깊이 있는 질문의 예를 들어 볼까요?

"참 괴롭겠다. 엄마도 어렸을 때 비슷한 상황을 겪었는데 그때 참 힘들었던 것 같아."

이렇게 첫 마디를 시작합니다. 우선은 공감을 표시합니다. 괴롭다는 마음에 공감하고 있음을 분명히 알려 줍니다.

공감한 뒤에는 깊이 있는 질문으로 마음의 문을 두드립니다. "어떤 점이 가장 힘들어?"처럼 **아이의 마음을 헤아려 주는 질문**이 효과적입니다.

부모가 평소에 아이에게 공감하고 아이의 마음을 알아주는 질문을 한다면, 아이 또한 친구와 대화할 때 자연스럽게 공감하고 친구를 배려하는 질문을 던집니다. 의사소통 능력은 이런 소통 속에서 싹트고 자라납니다.

공감과 질문은 다음과 같은 응용도 가능합니다. 아이가 "피아노 연습하기 싫어."라고 말합니다. 우선 하고 싶지 않은 마음을 이해한다고 공감을 표합니다. 그다음에 "그래도 반년 동안 열심히 준비한 피아노 발표회가 내일모레니까 오늘은 연습하는 게 좋지 않을까?"라고 의견을 말합니다. 공감하고 난 다음에 이유를 설명하는 편이 아이가 받아들이기 더 쉽습니다.

지금까지 아이의 의사소통 능력을 키우는 데 유용한 적극적 경청 원칙을 소개했습니다. 이제 아이의 발달 단계별로 일상생활에 바로 적용할 수 있는 실천적인 방법을 살펴보겠습니다.

의사소통 능력을 키우는 연령별 실천법

1분이라도 부모인 나를 보듬어 주자

아이의 말을 들을 때 가장 먼저 살펴야 할 것이 있습니다. 바로 **부모의 마음 건강**입니다.

부모의 마음 건강은 아이의 심신 건강에 큰 영향을 미칩니다. 2020년 런던 대학 소아병원이 발표한 연구에 따르면 "아이와의 관계에 스트레스를 느낀다."라고 답한 부모의 아이들은 그렇지 않은 아이에 비해 세 살 무렵부터 친구 관계와 감정 제어에 문제가 있을 가능성이 두 배 가까이 높다고 합니다.[5]

2021년 텍사스기술대학교 건강과학센터의 심리학자들이 발표한 연구 결과도 불안감이 큰 부모에게서 자란 아이는 우울 증

상이나 불안 증상을 보일 가능성을 보여 주고 있습니다.[6]

부모의 마음이 건강하지 않으면 아이가 하는 말을 끊거나 흘려듣고 맙니다. 이를 막기 위해서라도 **부모인 나를 보듬어 주는 일**을 의식적으로 찾아보세요. 좋아하는 디저트를 먹거나, 잠시 좋아하는 가수의 동영상이나 사진을 보는 등 먼저 나의 긴장을 풀고 기분을 전환하고 나서 아이의 이야기를 들어 주세요.

아이가 둘이나 셋 등 여럿이라면 짧아도 좋으니 온전히 한 아이와만 보내는 시간, 아이와 일 대 일로 마주하는 시간을 반드시 만들어야 합니다. 진심을 담아 듣는 일이 적극적 경청의 시작입니다.

3~6세

의사소통 능력의 기초를 쌓는다

"어차피 안 돼."는 절대 금물

아이와의 의사소통에서 가장 피해야 할 일. 바로 아이가 **"어차피 말해 봤자 안 들어 줄 텐데."라는 생각을 갖게 하는 것**입니다.

"어차피 안 들어 줘.", "어차피 안 돼."라는 감각을 **학습된 무기력**이라 부릅니다.[7]

학습된 무기력은 펜실베이니아대학 심리학과 교수인 마틴 셀리그만(Martin E. P. Seligman)이 1967년 동물 실험을 통해서 얻은 개념입니다. 장기간에 걸쳐 피할 수 없는 고통과 스트레스 상황이 이어지면, 어떻게 해도 상황을 개선할 수 없다는 감각을 학습해서 거기서 빠져나오려는 노력을 포기합니다. 이를 **학습된 무기력**이라 말합니다.

부모가 적극적 경청에 집중하고 아이에게 말할 기회를 많이 만들어 준다면 아이가 학습된 무기력에 빠지는 일은 없겠지요. 아이가 하고 싶은 말이 있는데도 차마 하지 못한 건 아닌지 부모가 아이에게 했던 말들을 한번 다시 떠올려 보세요,

식사 중 스마트폰은 손이 닿지 않는 곳에 둔다

식사 중에 부모가 스마트폰, 태블릿 등을 손에 든 경우와 그렇지 않은 경우를 관찰하는 실험을 했습니다.

2015년 보스턴대학 소아행동학 연구자들의 연구에 따르면, 스마트폰을 손에 들었을 때와 스마트폰이 없을 때를 비교해 보면 식사 중 부모와 아이 사이의 대화가 눈에 띄게 줄었다고 합니다. 식사하는 아이를 살피며 골고루 먹어라, 꼭꼭 씹어 먹어라 등 식사법을 알려 주는 일이 거의 없었다고 합니다.[8]

스마트폰 때문에 아이와의 대화가 줄어든다면 아이는 나보다 스마트폰이 더 소중한가 하고 생각합니다. 무의식중에 손이 가는 일이 없도록 식사 시간만이라도 스마트폰을 멀리하도록 해 보세요.

7~9세

집을 벗어나 밖으로

가족, 친척 이외의 어른과 이야기하며 밖을 향한 의사소통 능력을 키워 갑니다.

우선은 가게의 점원, 도서관 사서, 동물원이나 대공원 등의 안

내원에게 직접 말을 거는 연습을 해 보세요.(물론 사람들이 줄 서 있는 곳은 피하고요.)

이런 장소는 말을 거는 타이밍, 내가 원하는 바를 어떻게 하면 상대방에게 잘 전달할지 아이 스스로 생각하고 말하는 연습을 하기에 최적입니다. 이럴 때 부모는 가만히 아이 옆을 지켜 줍니다. 끼어들고 싶더라도 꾹 참고 아이에게 기회를 줍니다.

이때 아이의 의사소통 능력에 따라서 점점 난이도를 높여 나가면 좋습니다.

동물원을 예로 들어 볼까요?

처음에는 티켓 판매소에서 입장권을 사는 짧은 대화부터 시도합니다. "어린이 2장, 어른 2장 주세요." 정도의 대화입니다. 익숙해지면 "점심 먹기 전에 사자랑 고릴라를 보고 싶어요. 추천 코스를 알려 주세요." 하고 자기가 원하는 바를 전달하고 상대방의 의견을 끌어내는 의사소통에 도전해 볼 수 있습니다.

먼저 인사하는 아이가 되는 말

의사소통의 기본은 인사입니다. 유아기(1~6세)에는 큰 목소리로 인사하던 아이가 주변 사람들의 시선을 의식하는 나이가 되면서부터는 인사하기를 주저합니다.

이러한 행동은 아이가 내가 아닌 타인의 존재를 인지하고 의사소통 상대로 인식하면서 나타나는 자연스러운 현상입니다. '큰 목소리로 인사하기 창피해.' '인사하면 상대방이 알아줄까?' 아이의 머릿속에는 이런 생각이 떠다닙니다.

인사는 의사소통을 배우는 매우 좋은 기회입니다. 이때도 **부모가 먼저 공감하고 아이의 마음을 헤아리는 질문**을 하는 방법이 효과적입니다. "큰 소리로 인사하는 게 창피한가 보구나." 라고 공감을 표한 뒤에 "그래도 인사를 하면 기분이 좋을 텐데. 먼저 해 보면 어떨까?" 하고 슬쩍 제안하면 좋을 듯합니다.

"왜 인사 안 하니? 인사해야지." 하고 강요할 것이 아니라, 아이가 스스로 결정해서 인사를 하도록 기다려 주세요.

책 소개 발표

"우리 같이 책 이야기해 볼까?"

책을 읽고 나서 책 내용과 느낌 등을 얘기하는 자리를 가져 보세요. **다른 사람에게 전달할 목적으로 책을 읽으면 요점을 정리하면서 읽게 됩니다.**

가족 모두가 발표를 공유하고 의견을 나눠 보세요. 똑같은 한 권의 책에 대해서도 다양한 시점과 의견을 가질 수 있다는 걸 알게 됩니다. 또한 가족끼리도 같은 책에 대해 각자 다르게 느낀다는 사실을 알게 되면서 대화의 폭을 넓힐 수 있습니다.

10~12세

어른과의 의사소통을 준비

발표 시간 갖기

영국이나 미국, 유럽 교육과정에는 'Show & Tell'이라는 발표회 시간이 있습니다. 말 그대로 내가 좋아하는 것을 보여 주고 말하는 발표 시간입니다. 우리나라 초등학교의 '창의적 체험활동(창체)' 수업에서 이루어지는 활동과 비슷하다고 볼 수 있지요.

적극적으로 손을 들어 발표하는 능력은 의사소통 능력 향상뿐 아니라 앞으로 다룰 자기 긍정감과 포기하지 않는 마음 등으로도 이어집니다.

발표회는 집에서도 얼마든지 할 수 있습니다. 아이가 보여 주고 싶고, 말하고 싶은 것을 들어 줄 마음의 여유가 부모에게 단 1분만 있다면요.

나에 대해 말하기

시간을 내서 나에 대해 어떤 주제라도 좋으니 발표할 기회를 만듭니다. 처음에는 가족끼리 연습해 보고 익숙해지면 장소와 규모를 조금씩 확장해 나갑니다.

저녁 식사 이후에 오늘 발견한 것들을 가족끼리 한 사람당 30초씩 발표하는 것도 좋습니다. 시간을 1분, 3분, 5분으로 점점 늘려 보거나 '언제, 누가, 어디서, 무엇을, 왜, 어떻게'를 집어넣는 등의 규칙을 만들면 말하기 능력이 크게 향상됩니다.

발표를 질문으로 연결하기

나에게 관심을 보이는 사람에게 나쁜 감정을 품는 일은 거의 없습니다. 의사소통은 일방적인 말하기가 아니라 상호 교류이므로 가족끼리의 발표에 익숙해졌다면 듣는 사람이 질문을 해보세요.

질문을 하다 보면 대화에 능동적으로 참여하게 되고 서로에게 좋은 영향을 줍니다. 발표하는 내가 미처 깨닫지 못했던 점을 알게 되고, 다른 사람의 발표를 들을 때는 질문을 준비하면서 듣게 되기 때문에 이야기를 더 잘 듣는 습관을 갖게 됩니다.

나를 주제로 한 진지한 대화

앞으로 내가 무엇을 하고 싶은지, 해야 하는지, 그러기 위해선 어떻게 하면 좋은지 구체적으로 생각하고 말하도록 합니다. 아이의 희망을 들었다면 부모가 무엇을 해 주면 좋을지도 물어봅니다.

의사소통은 ①나의 입장, 생각 등을 정확하게 파악하고 ②생각을 정리하고 ③이를 적절한 방법과 수단으로 상대방에게 요약해서 전달하고 ④서로의 이해를 얻는 과정입니다.

우선은 가까운 사람들과의 연습을 통해 연습해 보세요. 어릴 때부터 가족 발표회 등 소소한 이벤트를 마련하면 커서도 아이와 대화의 장이 자연스레 만들어집니다.

학원에 다녀야 할지 말아야 할지에 대한 얘기를 나눌 때, 아이가 "나는 축구를 꼭 하고 싶으니 학원은 안 다닐래요!"라고 하던지 "축구부가 있는 중학교에 진학하고 싶어요. 그래서 친구 ○○가 다니는 축구교실에 다니고 싶어요."처럼 아이가 자기의 생각을 정리해 자기의 말로 직접 표현할 수 있도록 부모는 잘 들을 준비하고 기다려 줘야 합니다.

"내 친구들이 학원에 다닌다고 해서 나도 꼭 학원에 다녀야 하나요? 엄마, 설명 좀 해 주세요."

어쩌면 이렇게 아이가 부모에게 설명을 요구하는 일도 있겠지요. 부모도 진심을 담아 대화해야 더 좋은 효과가 나타날 것입니다.

2장

사고력

문제의 해결책을 찾는 힘

복잡한 세상을 살아가기 위한 사고력

미래에는 사고력이 더 중요해진다

스스로 결정하는 아이가 되기 위해 두 번째로 필요한 힘은 사고력입니다. 사고력이 확장돼야 복잡한 상황을 논리적으로 정리해 문제를 찾아내고 해결 방법도 찾아낼 수 있습니다.

인공 지능(AI)을 비롯한 과학 기술의 발달로 지금은 상상할 수조차 없는 세상의 변화가 미래에는 일어날 것입니다. 어떤 미래가 올지 예측하기 어려운 만큼 스스로 생각하는 힘이 더욱 진가를 발휘하게 되겠지요.

콜럼비아 대학의 컴퓨터과학과 교수인 자네트 윙(Jeannette M. Wing)은 2006년에 '컴퓨팅 사고'라는 개념을 제시합니다.[1] 컴퓨팅 사고는 **문제를 해결하는 일련의 과정 가운데 어느 단계에서 어떤 일을 컴퓨터에게 맡기면 가장 빠르고 최선의 결과를 얻어낼 수 있을지 판단하는 힘**을 말합니다.

경제협력개발기구(OECD)는 3년마다 각 국가 학생들의 교육 수준을 평가하기 위해 국제 학업성취도 평가(PISA)를 시행하는데, 2022년부터 수학 영역 평가에 컴퓨팅 사고를 사용하는 문제를 추가했습니다. 이런 점을 보더라도 컴퓨팅 사고가 미래에 얼마나 중요한지 짐작할 수 있겠지요.

이처럼 스스로 문제를 찾아내고 논리적 해결을 향해 나아가는 사고력은 어떻게 하면 길러질까요? 이를 위한 전문 교육은 따로 있는 게 아닙니다. 아이와 함께하는 일상에서 배울 수 있는 일이 아주 많습니다.

창피한 건 누구?

"초등학교 2학년이나 됐는데도 왜 질질 흘리며 먹니? 창피해서 식당에 데리고 올 수가 없네."

평소보다 잘 차려입고 기쁜 마음으로 외식하러 나갔는데, **질**

"창피하잖아!" 창피한 건 누구?

↓

적은 수의 선택지를 주고 고르게 한다

질 흘리고 먹는 아이를 보면 또 쓸데없는 말을 하고 맙니다. 하지만 창피하다는 이 한마디가 아이가 스스로 생각하고 결정할 기회를 뺏는다면요?

"아이가 ○○을 못해서 창피해."라는 말 뒤에는 **'식사예절도 제대로 가르치지 않은 부모로 볼까 봐 창피하다.'**라는 마음이 숨어 있습니다. 아이를 위해서 하는 말처럼 들리지만 다른 사람들이 **부모에게 하는 평가에 더 신경을 쓰는 셈**이죠. 사고 회로 속에 나와 아이의 처지가 뒤섞여 있는 것입니다.

부모와 아이는 서로 다른 존재

아이의 사고력을 기르고 싶다면 가장 먼저 해야 할 일이 있습니다. 바로 **나와 아이는 다른 존재**라는 자각입니다.

그동안 교육학 및 심리학의 수많은 연구는 아이를 체벌하고 협박하는 식의 훈육은 아이에게 수치심, 죄책감을 갖게 할 뿐만 아니라 아이의 신체적, 심리적 발달에 악영향을 끼친다는 사실을 똑똑히 보여 줍니다.[2345]

2006년 버지니아 커먼웰스대학 심리학부 연구진은 47개의 논문을 통합 분석하는 메타 분석을 진행했습니다. 연구 결과 **체벌, 협박 등을 가하며 아이를 통제하는 것이 아이를 거부, 방치하는 것보다 아이에게 불안감, 두려움을 갖도록 할 가능성이 높다**고 나왔습니다.[6]

흔히 부모는 "창피하지도 않니?", "너 때문에 이게 뭐니!" 등 아이에게 수치심, 죄책감을 갖게 하는 말로 아이의 행동을 통제하려 합니다. "경찰이 잡아갈 거야!", "도깨비가 올 거야!"라는 협박도 쉽게 하지요. 당장 그 자리에서는 통할지 모릅니다. 하지만 장기적으로는 아이에게 나쁜 영향을 미치고 아이의 사고력을 줄어들게 합니다.

사고력을 키우는 순서

사고력을 키우려면 어떻게 하면 좋을까요? 스스로 생각하는 힘을 기르려면 다음의 3가지가 필요합니다.

앞에서 외식할 때 아이가 한 행동을 예로 들어 볼까요?

①공감

우선 아이는 어른처럼 점잖게 식기를 쓰면서 식사할 수 없는 점, 이는 커가면서 개선된다는 점을 이해합니다.

예: "레스토랑의 음식은 작고 예쁘게 놓여 있어서 집어 먹기가 힘들구나."

②설명

음식을 흘리지 말았으면 하는 이유, 흘리지 않는 게 좋은 이유를 설명합니다.

예: "하지만 모처럼 다 같이 맛있는 거 먹으러 왔으니까 흘리지 않으려고 노력하면 좋겠다."

③자기결정

끝으로 아이가 자기의 행동을 스스로 결정하도록 선택지를 제시합니다.

예: "흘리지 않고 먹으려면 어떻게 하면 좋을까? 앞치마를 해볼까? 아니면 앞접시를 달라고 할까?"

아이는 적은 수의 선택지 중에서 고르더라도 내가 결정했

다는 만족감을 느낍니다. 그러니 내가 결정했다고 느낄 만한 적은 수의 선택지를 제시해 줍니다. 이처럼 사고력을 키우는 훈련은 언제 어디서든 할 수 있습니다.

선택지를 주면 아이는 '앞접시에 덜어서 가까이에 놓고 먹으면 덜 흘리면서 먹을 수 있을 거야.' 하고 스스로 선택하고 행동합니다. 흘리지 않고 먹었다는 작은 성취감까지 함께 느끼니 일석이조인 셈이죠. 흘리지 않고 먹으면 부모도 식탁 정리나 빨래가 편해지고요.

무심코 한 칭찬이 독이 될 수 있다

"정말 뭐든지 다 잘하는구나, 대단해! 달리기도 반에서 1등 했으니까 이번에는 멀리뛰기도 1등 해 보자. 기대할게!"

운동을 잘하는 아들을 칭찬하는 엄마. 언뜻 다정다감한 사이처럼 보입니다. 하지만 이런 칭찬은 장기적으로는 자신감을 잃게 만들고 정서 발달에도 좋지 않은 영향을 끼칠 수 있습니다.

아이가 잘한 일을 같이 기뻐하며 마음껏 칭찬해 주고 싶겠지만, 이런 칭찬에는 독이 들어 있습니다.

“정말 대단해!” 칭찬이 압박으로

비교는 금물, 노력은 칭찬하자

- 그냥 달리기가 좋아서 열심히 했을 뿐인데 엄마가 "1등을 하다니 정말 대단해.", "기대할게."와 같은 말을 하면 '지면 안 되겠구나.', '실망하게 하고 싶지 않아.', '실패한 모습은 보여 주고 싶지 않아.'라고 느낍니다.
- 자기가 질 것 같은 놀이, 시합 등은 하지 않으려 합니다.
- 놀이에서 진 사실을 부모에게 숨깁니다.

어쩌면 아이가 달리기를 싫어하게 될 수도 있습니다. 또한 "엄마가 기대하니까 열심히 해야지." 하고 본래의 목적과는 다르게 목적이 변질되기도 합니다.

사고력을 기르기 위해서는 외부의 강요, 지시, 통제에 의해서가 아니라 아이 스스로 **'나는 무엇을 어떻게 하고 싶은가?'**를 생각할 수 있어야 합니다. 사고력을 기르는 일은 여기서부터 시작됩니다.

"엄마가 기뻐하니까." 이 또한 훌륭한 동기이지만 일시적 혹은 단기적인 동기 부여에 그치게 됩니다. 스스로 발견한 좋아하는 마음과 자발적으로 하고 싶은 마음이 엄마가 무심코 던진 말 한마디로 사라진다면 참으로 안타까운 일이 아닐 수 없지요.

그동안의 연구 결과는 ①**능력과 결과를 칭찬하는 일** ②**남과 비교하며 칭찬하는 일**은 바람직하지 않다는 사실을 보여 줍니다.

스탠퍼드대학 캐럴 드웩(Carol S. Dweck) 교수의 연구가 특히 유명합니다.[7] 사춘기 아이 수백 명을 대상으로 어려운 문제 10문항을 냈습니다. 그러고 나서 아이들을 ①**능력을 칭찬받는 그룹**, ②**노력을 칭찬받는 그룹**으로 나누었습니다.

각각의 그룹에 이전 문제보다 더 어려운 문제와 간단한 문제 두 종류의 선택지를 주고 어느 쪽이든 풀고 싶은 쪽을 고르라고 했습니다.

아이들의 선택 결과가 참 흥미롭습니다.

능력을 칭찬받은 그룹은 약 70퍼센트가 간단한 문제를 골랐습니다. 한편 노력을 칭찬받은 그룹은 90퍼센트가 어려운 문제에 도전하는 쪽을 택합니다. 능력을 칭찬받은 그룹은 평가를 신경 쓰기 때문에 간단한 문제를 풀어 자기의 능력이 높다는 것을 보여 주려 합니다. **노력을 칭찬받은 그룹은 노력을 보여 주는 쪽, 도전을 두려워하지 않는 마음가짐을 보여 주는 쪽에 관심**

을 갖습니다.

"반에서 1등 했네.", "다른 애들보다 잘하네."와 같은 상대 평가와 사회적 평가를 바탕으로 남과 비교하는 칭찬은 단기적인 동기 부여에는 효과를 발휘합니다. 하지만 장기적으로 봤을 때는 아무런 도움이 되지 않습니다. 왜냐하면 이런 칭찬은 비교 대상이 바뀌면 결과도 바뀌기 때문입니다.

예를 들어 학원에서 1등을 해서 한 단계 높은 반으로 올라갔다고 합시다. 상위 클래스로 올라가면 당장에 1등을 하기가 어렵겠지요. 그러면 1등을 했다고 칭찬받으면서 얻었던 동기가 급속히 사라지면서 의욕을 잃기 쉽습니다. 물질적인 보상을 했을 경우도 마찬가지의 결과가 나옵니다.[8 9]

1등이라는 결과보다는 "열심히 연습했구나."라고 과정을 칭찬하는 편이 좋아하는 일에 관한 관심과 흥미를 잃지 않고 어떻게 하면 더 잘할 수 있을까를 스스로 생각하고 행동해 나가는데 더 큰 도움이 됩니다.

 협박은 아무 의미가 없다

"정리 안 하면 밥 못 먹어!"

"숙제 다 안 하면 못 놀아!"

"지하철에서 떠들면 그냥 집에 간다!"

이렇게 아이를 야단쳐 본 적 한 번쯤 있을 겁니다. 아이는 그 말을 들은 순간 '밥 못 먹는 건 싫으니까 정리해야지!'라고 생각할지도 모릅니다.

하지만 이런 일이 여러 차례 반복되면 "밥 못 먹는다는 거 거짓말이잖아. 딱히 먹고 싶지도 않고."라는 식으로 바뀝니다. 아이가 실제로 이런 말을 하면 부모도 "진짜로 밥 안 줘!" 하고 홧김에 내지르게 되지요. 아이 스스로 정리하기를 바라는 마음에 한 말이었는데 이렇게 되면 아무 의미 없는 말다툼이 됩니다.

그동안 수많은 연구가 아이를 협박하는 훈육의 문제점을 자세히 보고했습니다. 오래된 연구로는 1925년 엘리자베스 허록(Elizabeth Hurlock) 교수의 실험이 유명합니다. 칭찬이 성적에 미치는 영향을 연구한 실험입니다.[10]

9세부터 11세까지의 아이들을 3그룹으로 나누어 교실 안에서 5일간 수학 시험을 보게 했습니다. 출제 문제와 시간 등의 조

"정리 안 하면 밥 못 먹어!" 협박의 효과는 잠깐뿐

아무것도 하지 말고 상황을 지켜본다

건은 동일했고, 전날의 답안지를 아이에게 돌려줄 때 선생님의 태도만 3가지로 나뉘었습니다.

- A그룹: 어떤 결과가 나오든 잘한 부분을 칭찬한다.
- B그룹: 어떤 결과가 나오든 못한 부분을 야단친다.
- C그룹: 어떤 결과가 나오든 아무 말도 하지 않는다.

실험 결과 칭찬을 받은 A그룹 아이들 대부분은 점점 성적이 올랐고 마지막 날에는 약 71퍼센트가 성적이 올랐습니다. 한편 야단을 맞은 B그룹은 이튿날에는 약 20퍼센트가 성적이 올랐지만, 그 뒤로는 성적이 점점 떨어졌습니다. 아무 말도 하지 않은 C그룹은 이튿날에는 약 5퍼센트가 성적이 올랐는데 그 뒤로는 거의 변화가 없었습니다.

이 결과를 보면 아이를 야단치는 일은 교육상으로 아무런 효과가 없음을 잘 알 수 있습니다. **벌을 주거나 야단을 쳐서 수정된 행동은 오래 지속되지 않으며 오히려 스스로 생각하고 노력하는 일을 방해할 뿐입니다.**

아이는 부모의 각오를 지켜본다

아이뿐 아니라 사람 간의 관계에서도 협박을 통해서 행동을 교정하는 방식은 오래가지 못합니다.

그렇다면 야단치며 아이의 행동을 바꾸려 하는 대신 어떻게 하면 좋을까요? 앞에서 나온 "정리 안 하면 밥 못 먹어!"를 예로 들어 볼까요?

이런 말을 들은 아이는 정말 먹지 말라는 건지, 그냥 해 보는 말인지를 민감하게 감지합니다. 정말로 밥을 안 먹게 할 거라면 이는 벌에 해당하기에 하지 말아야 합니다.

반대로 "정리 다 했으면 밥 먹으렴."이라는 말은 어떨까요? 이 때 밥은 보상이 되기에 이 또한 그리 바람직하지 않습니다.

아이가 스스로 '정리하고 나서 밥 먹어야지.'라고 생각한다면 가장 이상적이겠지요. 그러려면 시간이 걸리더라도 아이에게 **정리하지 않으면 밥을 먹을 수 없는 이유를 분명히 이해시킬 필요가 있습니다.**

유감스럽게도 현실적으로는 당장 할 수 있는 일이 없습니다. '정리를 안 해도 신경 쓰지 말자.', '밥과 정리는 별개이다.'라고 부모가 깨끗이 포기하는 수밖에 없습니다.

지금까지처럼 일단 야단부터 치지 말고 며칠 동안 **아무 말도 하지 마세요. 그때 아이가 어떤 반응을 보이는지 지켜보는 것**도 하나의 방법입니다. 이 방법을 시도하는 동안 방은 난장판이 되겠지만 일단 아이가 스스로 부모의 변화를 알아채고 방 상태를 살피는지 관찰합니다. 아이가 스스로 정리하거나 뭔가 변화된 상황에 대해 말을 꺼낸다면 한 걸음 성장했다고 볼 수 있습니다.

말 잘 듣는 아이가 착한 아이는 아니다

부모의 말을 잘 듣는 아이도 있습니다. 우리 애는 안 그런데 이웃집 아이는 부모 말을 잘 듣는다면 당연히 부러울 겁니다. 하지만 잘 생각해 보세요. 과연 부모 말을 잘 들을 뿐인 아이가 스스로 생각하는 힘이 있을까요?

보호자가 하는 말에 아무런 의문도 갖지 않고 순순히 따르는 아이는 다음의 두 유형 중 하나이기 쉽습니다.

①정말로 아무런 궁금증이 없다.

②어차피 말해 봤자 아무 소용없기 때문에 의견이 있어도 말

하지 않는다.

①은 부모가 하는 말이 의심의 여지 없이 훌륭하거나 아이가 부모의 열혈 신자(일부러 이런 표현을 골랐습니다.)인 경우입니다.

하지만 ②인 상황이 대부분입니다. 부모의 눈치를 살피느라 하고 싶은 말이 있어도 하지 못하거나 자신이 뭘 좋아하는지 몰라서 부모가 좋아할 말을 골라서 합니다. 이렇게 되면 아이는 스스로 생각하는 힘을 기를 수 없습니다.

아이가 부모의 말을 잘 듣지 않는 것은 올바른 육아의 결과

2022년 스페인의 이사벨 마르티네즈(Isabel Martínez) 교수와 미국의 에디 크루즈(Edie Cruise) 교수는 2000년 이후에 발표된 부모와의 애착과 사춘기 아이의 교우관계에 관한 논문 1,438건 가운데 기준을 충족하는 19편의 논문을 선별해 시스테마틱 리뷰라 불리는 체계적 문헌 고찰을 진행했습니다.[11]

이 연구는 부모와 신뢰할 만한 애착 관계가 형성되어 있는지를 기준으로 사춘기 이후 친구와의 친밀도, 교우관계 등을 예측할 수 있음을 보여 줍니다.

- 아이가 자신의 의견을 당당하게 주장할 수 있는 환경
- 부모가 내 말을 잘 들어 주고 나를 존중하고 수용해 준다는 절대적 안정감

생활 속에서 이 2가지를 자연스럽게 느낄 수 있는 환경이 만들어졌을 때 아이는 스스로 생각하는 힘을 키워 갈 수 있습니다.

사실 아이가 말한 의견이나 내용이 옳은지 잘못되었는지는 중요하지 않습니다. **자기의 의견을 자신의 말로 표현해 전달하려는 시도를 인정하고 칭찬해 주세요.** 이런 대화가 쌓이면 아이는 부모를 마음의 안전지대로 느끼면서 자기 생각을 키워 갑니다.

비록 부모와 의견이 다르더라도 자신을 수용해 준다는 신뢰감이 생기면 '어차피 말해 봤자 안 돼.'라고 미리 포기하지도 않으며 부모에게 맞추기 위해 애매한 대답을 내놓지도 않습니다. 그때 비로소 아이는 자신이 정말로 느끼고 생각한 바를 말합니다.

그런 환경 속에서 자란 아이는 자신의 의견이 비록 다른 사람과 다르더라도 당당히 말합니다. 각자의 다양성을 인정하고 나와

남을 모두 존중하고 수용하게 됩니다.

아이가 부모의 말을 듣지 않고 순순히 따르지 않는 것은 오히려 올바른 육아의 결과입니다. 아이가 부모를 안전지대로 여기기에 가능한 일입니다. 아이를 별도의 인격체로 존중하고 대등하게 대화를 나눌 때 아이의 사고력도 깊어집니다.

소꿉놀이가 사고력을 키운다

"여덟 살인 둘째 딸은 소꿉놀이를 정말 좋아합니다. 매일 역할을 바꾸며 놉니다. 큰딸은 공부하느라 바빠서 어쩔 수 없이 부모와 함께 소꿉놀이하는 경우가 많은데, 초등학교 2학년인데 소꿉놀이를 계속해도 괜찮을까요?"

아이들은 대체로 두 살 무렵부터 소꿉놀이를 시작하는데 초등학교 저학년까지는 소꿉놀이를 좋아합니다.

결론부터 말하자면, **소꿉놀이는 아이가 하고 싶을 때까지 마음껏 실컷 하는 게 최고입니다.**

소꿉놀이의 장점은 의학 분야의 음성 언어학과 발달 심리학,

인문 분야의 교육학과 사회학 등 여러 분야에서 연구가 이루어졌습니다. 다양한 분야의 모든 연구에서 "소꿉놀이를 충분히 즐긴 아이는 그렇지 않은 아이에 비해 **언어 능력, 타인 이해, 호기심 및 상상력 등이 높았다.**"라고 합니다.[12] 소꿉놀이를 실컷 즐기면서 자란 아이는 의사소통 능력과 사고력이 높습니다.

소꿉놀이를 원활하게 진행하기 위해서는 사회생활에 필수인 다음과 같은 능력이 필요하기 때문입니다.

- 역할 수행을 위한 언어 능력
- 역할이 처한 상황과 역할을 상상하는 사회성
- 역할의 배경을 만드는 상상력과 창의성

게다가 그림책이나 TV에서 본 풍경을 도입하는 능력과 실제로 경험한 장소와 사람을 조합해 등장시키는 유연성도 필요합니다. 상대방이 있는 소꿉놀이에서는 상황에 맞춰 상대방의 마음을 상상합니다. 혼자서 할 때는 1인 2역, 3역도 합니다. 소꿉놀이하며 아이들은 타인과의 대화를 무의식중에 경험합니다.

미국의 케이웨스턴리저브 대학 아동심리학 교수인 샌드라 러스(Sandra W. Russ)의 2008년 연구는 소꿉놀이가 아이의 사회성과

소꿉놀이는 언제까지 같이 해야 할까?

↓

우선은 15분! 진심으로 같이 논다

감정 조절에 좋은 영향을 미친다는 사실을 잘 보여 줍니다.[13]

소꿉놀이 시간 15분, 대화 왕복 5회

부모는 아이의 소꿉놀이에 어떻게 동참하면 좋을까요?

먼저 시간을 정합니다. **하루에 15분만 시간을 내서 같이 소꿉놀이합니다.** 15분이라고 하면 짧은 시간 같지만, 아이가 다양한 능력을 기를 수 있는 좋은 습관을 들이기에는 충분한 시간입니다.

15분이 지나 놀이에서 빠져나올 때는 바쁘다는 둥 시간을 이유로 대지 말고 "공주의 내일 점심 일정을 주방장한테 확인하고 오겠습니다.", "배달 기사가 온 것 같으니까 이거 전달해 주고 올게요." 등 소꿉놀이하듯이 마무리 인사를 해 보세요. 그러면 아이는 혼자서도 자연스레 소꿉놀이를 이어갑니다.

시간 말고 대화의 왕복 횟수를 중점에 두어도 좋습니다. 밴더빌트대학의 데이비드 디킨슨(David Dickinson) 교수는 아이와의 대화를 5회 이상 주고받기를 권장합니다.[14] 식당을 배경으로 한 역할놀이라면 앞접시를 부탁하거나, 계산해 달라고 하거나, 포장해 달라거나, 카드 결제도 가능한지 등등 여러 질문을 던지면서 대화의 왕복을 시도합니다. 가게 메뉴를 물어보면서 아이의 대답을 유도하는 것도 좋겠지요.

소꿉놀이 도구도 중요합니다. 단순할수록 좋습니다. 햄버거 가게의 점원과 손님이라는 설정으로 역할놀이를 할 경우, 장난감 회사가 판매하는 플라스틱이나 나무로 만든 소꿉놀이용 세트가 있으면 아이는 주어진 소재 안에서만 햄버거를 만듭니다.

장난감 세트 대신 신문지, 티슈 상자 등 주위의 생활용품을 활용하면 어떨까요? 그러면 아이는 가게의 모습과 메뉴 등을 혼자 상상하면서 만들어 갑니다. 아무것도 없는데 문이라면서 열고 들어와 의자를 계산대 삼아 주문 받습니다. 신문지를 접거나 찢어서 햄버거를 흉내 낸 무언가를 만들어 건네며 자랑스럽게 "초콜릿 새우버거입니다."라고 말합니다. 부모도 "마요네즈 소스도 부탁합니다."라고 상상력을 발휘해 대답해 주세요.

지금까지 아이의 사고력을 기르기 위해 과학적으로 유효한 원칙을 소개했습니다. 이어서 아이의 발달 단계별로 일상생활에 바로 적용할 수 있는 실천적인 방법을 살펴보겠습니다.

사고력을 키우는
연령별 실천법

3~6세

스스로 생각하는 힘을 다지는 시기

"왜? 왜?"라는 질문에 공감

이 나이의 아이들은 주위에서 일어나는 모든 일에 흥미를 보이고 어른끼리 하는 대화에도 귀를 쫑긋 세웁니다. 부모가 생각하는 것보다 훨씬 진지하게 이야기를 듣고 이해해서 되레 놀랐던 경험이 있으실 거예요.(저는 있습니다만……)

어른의 사고 과정에는 경험에서 오는 여러 인지 편향, 즉 뇌의 습관이 작용합니다. 이는 뇌를 효율적으로 작동시키는데 기여하지만, 때로는 뻔히 보이는 것을 보지 못하게 만들기도 합니다. 아이는 인지 편향이 아직 만들어지지 않아서 어른이 생각하는 것보다 많은 정보를 오감을 모두 써서 수집합니다. 그 때문에 주위의 모든 일에 '왜?'라고 의문을 품습니다.

아이의 "왜? 왜?" 공격에 괴로울 때가 많겠지만 일일이 정확하게 대답할 필요는 없습니다. 우선은 같이 놀랍시다!

"와, 그렇구나! 왜 그럴까? 왜 그런 거 같아?"

이 대답이 마법처럼 작용할 것입니다. 공감하는 부모를 보면서 아이는 사고력의 바탕이 되는 호기심을 키웁니다.

연상 게임으로 자신감 기르기

부모는 질문에 답할 때 정답인가 아닌가, 옳은 말인가 아닌가를 지나치게 의식합니다. 하지만 사실 정답인지 아닌지는 아이의 사고력을 기르는데 그다지 큰 영향을 미치지 않습니다.

중요한 것은 **스스로 생각했다는 자신감, 내 생각을 말해도 된다는 신뢰감** 이 2가지입니다. 아이는 스스로 자기 생각을 정리해 말하는 과정에서 자신감이 쌓입니다. 내가 생각하는 것을 말

했더니 부모가 귀담아 들었다, 어떤 대답을 해도 받아 주었다는 경험에서 오는 자신감이 사고력을 기르는 토대가 됩니다.

그런 자신감과 신뢰감을 구축하고 사고력을 기르는 방법의 하나로 연상 게임을 추천합니다. 예를 들어 "부드러운 건 뭐가 있을까?", "둥글고 빨간 것은?" 등 다양한 대답이 나올 수 있는 질문을 던집니다. 떠오르는 대로 대답하도록 열어 두고 모든 대답을 수용해 줍니다.[15]

실패는 많이 할수록 좋다

실패는 많은 것을 배울 수 있는 배움의 보물창고입니다.

실패하지 않는 것보다 **실패에 대해 스스로 생각하고, 생각한 것을 전달하는 경험**이 더 값지고 소중합니다. 아이가 실패하거나 잘못된 판단을 하지 않도록 부모가 미리 길을 정해 놓으면 아이는 결코 사고력을 기를 수 없습니다. 정답이 아닌 다른 답에 대한 다양성을 인정하지 못합니다. 부모가 정한 길만이 정답이라고 믿게 되니까요.

보드게임이나 카드 게임을 하며 놀자

보드게임과 카드 게임은 소속감과 안정감 형성에 무척 좋은 도구입니다. 규칙이 어려운 것도 있지만 꼭 정해진 규칙에 따를 필요는 없습니다. "이 카드와 게임을 사용해 다른 놀이를 해 볼까?" 하고 가족끼리 규칙을 만들거나 다른 놀이 방법을 만들어 내도 좋습니다. 이 과정에서 아이는 왜 규칙이 필요한지 이해하게 됩니다.

7~9세

스스로 생각하는 즐거움을 알다

위기가 바로 기회

집안에 힘든 일이 생겼거나 가족끼리 다툼이 있다면 이때가 바로 기회입니다. 아이들의 장난감이 뒤섞여서 서로 "그건 내 거야."라고 다툴 때 무엇이 문제인지, 어떤 방법으로 해결하면 좋을지 가족끼리 같이 의논합니다.

회의실처럼 책상을 놓고 부모가 회의 진행자 역할을 맡으면 아이들도 더 진지하게 참여하겠지요. 평소와 분위기가 다르면 집중력이 쑥 올라간답니다. 발표 연습과 듣기 연습을 모두 할 수 있는 유익한 시간이 될 테니 꼭 시도해 보기 바랍니다.

각자 의견을 발표한다

자기가 좋아하는 것을 설명할 때 우리는 여러 가지를 먼저 생각합니다. 우선 상대방에게 내 생각이 잘 전해지도록 내용을 조리 있게 정리합니다. 듣는 사람의 반응을 살피면서 내가 좋아하는 것을 싫어하는 사람도 있을지 모른다는 생각도 하게 되겠죠. 그러면서 다양성을 깨닫게 됩니다. 좋아하는 것에 대해 말하다 보면 아름답고 멋진 뭔가를 알아채는 감성이야말로 훌륭하다는 점, 그 감성에는 정답도 오답도 없다는 점 등 사고의 폭이 깊어지고 넓어지는 경험을 합니다.

집에서 자기가 좋아하는 것에 대해 발표하는 시간을 마련해 보세요. 부모도 발표에 같이 참여하면 아이는 다양성에 대해 생각해 볼 더 많은 기회를 갖겠지요. 뭔가를 좋아하는 마음은 소중하며, 그런 마음에는 누군가의 평가와 판단이 필요하지 않다는 점, 취향은 각자 다르다는 점, 그리고 서로 그 마음을 존중하고 인정해야 한다는 점을 아이는 자연스레 배웁니다. 이때 "그게 뭐가 좋다고 그래?" 등 반사적으로 부정하는 말이 튀어나오지 않도록 주의하세요.

10~12세

자기의 말로 생각을 표현하기

학습 능력의 열쇠를 쥔 메타 인지 확장

이 연령이 되면 **메타 인지 능력의 바탕이 급격하게 확장**됩니다. 메타 인지란 인지(보거나 들어서 아는 일)보다 한 단계 더 나아간 인지입니다. 보거나 듣거나 이미 아는 사실을 재인지 하는 이중 구조로 이루어졌습니다.

예를 들어 길에서 외국인이 영어로 말을 걸어왔습니다. 그때 대답을 제대로 못했다는 생각이 들었다면 이는 인지입니다. 메타 인지는 나중에 그 일을 뒤돌아보면서, '맞는 영어단어가 떠오르지 않아 대답하지 못했다→다음에는 대답을 잘 하고 싶다→공부하면 할 수 있을 거다'라고 자신의 감정과 그런 감정이 생긴 원인까지 이해하는 것입니다.

최근의 연구는 메타 인지가 다양한 능력 향상과 연관되어 있음을 보여 줍니다.[16] 메타 인지의 확장은 사고력 향상으로도 이어집니다.

아이의 사고력과 학습능력에 관해서도 마찬가지입니다. 2006년에 암스테르담대학 아동발달교육학과 버나뎃 반 호-울터스(Bernadette Van Hout-Wolters) 교수가 진행한 연구에 따르면 "메타 인지가 아이의 학습 능력을 결정하는데 약 17퍼센트의 비중을 차지한다."라고 합니다.[17]

오늘부터 규칙은 아이가 정하기

사고력을 기르기 위해서는 현재 자신의 상황을 파악해 문제점을 찾아내고, 이에 대한 해결책을 생각하는 일련의 흐름이 필요합니다.

예를 들어 내일 수학 단원평가가 있는데 친구랑 놀기로 했다고 합시다. 그때 '약속 시간까지 20분 남았으니 문제 좀 풀어 둘까?'라고 스스로 생각할 수 있으면 좋겠지요. 부모가 아이의 행동을 모두 통제한다면 아이는 이런 생각을 스스로 할 수 없습니다. 부모가 미리 계획을 다 짜주는 편이 빠른 것은 확실합니다. 하지만 그렇게 해서는 사고력이 자라지 않습니다.

부모는 꾹 참고 아이 스스로 규칙을 만들도록 바라봐 줍시다. 그래야 아이도 실패를 뒤돌아보고 개선책을 마련해 내는 습관을 기를 수 있고 일상생활 속에서 스스로 생각하는 연습을 할 수 있습니다.

용돈으로 사고력 훈련

1970년대에 스탠퍼드대학 월터 미셸(Walter Mischel) 교수가 진행한 '마시멜로 실험'이라는 유명한 연구가 있습니다. 평균 네 살 정도의 아이들에게 "눈앞에 놓인 마시멜로를 15분 동안 먹지 않고 참으면 하나 더 주겠다."라고 말하고 아이들의 인내심을 조사했습니다. 그러고 나서 15분 동안 먹지 않고 참았던 아이와 그렇지 않은 아이의 능력 차이를 14년 후에 추적 조사했습니다.[18] 결과적으로는 마시멜로를 먹지 않고 참은 아이들이 청소년기 학업 성적이나 생활 태도가 더 우수했습니다.(다만 실험 자체가 오래됐고 후속 추적이 가능했던 표본 수도 적어서 연구의 신빙성에 대해선 의견이 갈립니다. 논란의 여지가 있는 실험임을 감안하고 참고해 주세요.)

아이는 기본적으로 현재를 중심으로 살아가기 때문에 미래에 얻을 수 있는 이익에까지 생각이 미치지 못합니다. 미래 계획을 짜는 등의 사고력 훈련에는 용돈 관리가 도움이 되기도 합니다. 아이에게 용돈을 주고 앞으로 어떻게 쓸지 스스로 계획을 짜 보도록 기회를 주세요.

스스로 계획을 짜게 하자

아이가 초등학교 고학년쯤 되면 가족의 외출 계획과 저녁 준비 등을 맡겨 보는 것도 좋은 방법입니다. 어디 가고 싶은지, 무엇이 먹고 싶은지를 스스로 정하고 자신이 짠 계획을 어떻게 하면 잘 전달할지 고민하다 보면 스스로 생각하는 힘이 길러집니다.

예산을 알려 주고 외식 계획을 짜 보라고 하는 것도 좋습니다. 형은 피자를 먹고 싶어 하고 여동생은 초밥을 먹고 싶어 할 때 원하는 것을 다 충족시켜 줄 수 있을까, 어느 한쪽이 양보하고 다음 기회에 선택권을 줄까, 예산 내에서 가능할까 등등 아이는 여러 상황을 고려하면서 외식 계획을 세울 것입니다. 요즘은 미리 인터넷으로 메뉴와 가격을 확인할 수 있는 가게도 많으니 아이가 마음껏 신나게 계획을 짜 볼 기회를 주세요.

자기 긍정감

나를 믿는 힘

아이의 자기 긍정감은 집에서 자란다

자기 긍정감이 높으면 행동을 개선할 수 있다

최근 **자기 긍정감**이라는 말을 자주 듣습니다. 자기 긍정감은 다른 사람의 평가에 상관없이 자신의 존재 가치를 인정하는 감정을 말합니다. 쉽게 말해 **좋든 나쁘든 지금의 나를 있는 그대로 인정하는 마음**을 가리킵니다.

이 책의 목적인 '스스로 결정하는 아이'가 되기 위해서는 자기 긍정감이 꼭 필요합니다. 그 이유는 다음의 연구에서도 알 수 있습니다.

캘리포니아대학 데이비드 셔먼(David Sherman) 교수 팀이 2000년에 진행한 실험을 들여다볼까요?[1]

먼저 피험자에게 '카페인 섭취량과 유방암 발병률이 상관관계가 있을지도 모른다.'는 연구 결과를 읽게 합니다. 물론 카페인이 들어간 커피를 정말 좋아하는 사람은 기사 내용을 믿고 싶어 하지 않겠지요.

그 뒤 자기 긍정감을 의도적으로 높인 집단과 낮춘 집단으로 나눠 각각의 집단에 "카페인 섭취량과 유방암 발병률 사이에 유의미한 상관관계가 있다고 한다면 카페인을 섭취하지 않겠습니까?"라는 질문을 던졌습니다.

결과는 무척 흥미롭습니다. 자기 긍정감을 의도적으로 높인 집단 쪽은 "건강 정보를 믿고 행동을 바꾸려는 노력을 한다."라고 대답한 비율이 높았습니다.

바꿔 말하면 **자기 긍정감이 높은 사람은 습관을 바꾸거나 문제 행동을 수정하는 일에 저항감이 적습니다.**

인간은 기본적으로 변화를 싫어합니다. 아무런 계기 없이 변화를 시도하기란 쉽지 않습니다. 건강을 위해 습관이나 생활 태도를 바꿔야 한다는 얘기를 듣더라도 '지금 잘 지내는데 뭘……. 괜찮을 거야.' 하고 무시하려 합니다.

하지만 자기 긍정감이 높으면 행동을 바꾸는 일에 강한 의욕을 보입니다. 자기 긍정감이 높은 사람일수록 변화에 대한 두려움을 느끼더라도 이를 극복하고 궤도를 수정할 줄 압니다.

자기 긍정감이 높다는 건 '자신만만하다는 건가?', '제멋대로 행동하는 것과는 뭐가 다르지?', '자기 긍정감을 높이는 육아를 한다면서 아이를 그냥 방치하는 거 아냐?' 등 의문점이 계속 생깁니다.

3장에서는 자기 긍정감이 무엇인지, 자기 긍정감을 키워 주는 부모의 말은 어떤 것인지 알아보겠습니다.

자기 긍정감이 높은 것과 나르시시스트의 차이

"○○는 반에서도 제멋대로 하려 하고 고집도 세고 맨날 자기가 제일 잘났다고 나서는데 이 정도면 나르시시스트 아니야? 자기 긍정감이 높은 게 좋다고는 하지만 이건 좀 아니지."

엄마들의 모임에서 이런 소리를 종종 듣게 됩니다.

자기 긍정감이 높은 아이로 키우고 싶지만 나르시시스트라는 소리를 듣게 하고 싶지도 않습니다. 그러다 보니 고민은 끝이 없네요.

자기 긍정감이 높은 것과 나르시시스트를 구별하기는 꽤나 까다롭습니다. 하지만 둘 사이에는 명확한 차이가 있습니다.

일반적으로 나르시시스트라고 하면 자기평가가 높고 칭찬받고 싶어 하며 자기 자랑에 도취 되어 있는 이미지가 강합니다. 사전에서도 '자기 자신을 사랑하거나 훌륭하다고 여기는 사람'이라고 정의합니다.

조지아대학 심리학부 키스 캠벨(Keith Campbell) 교수의 말을 참고해 볼 필요가 있습니다. "나르시시즘은 성격의 특성을 가리킨다. 나르시시스트는 자신을 특별하다고 여기며 타인에 대한 공감력이 떨어지고 어떤 자리에서든 자신을 내세우려 한다. 사람의 시선을 끌기 위해 애쓰고 자기 자랑을 늘어놓고 자기를 과시하는 등의 방법을 쓴다. 다른 사람의 성공을 자신의 공으로 가로채거나 잘못한 일을 남 탓으로 돌리기도 한다."[2]

이렇듯 다른 사람의 평가에 의존한 자신감은 자기 긍정감과는 전혀 다릅니다.

자기 긍정감이 높은 사람과 나르시시스트 사이에는 큰 차이가 하나 있습니다. 다른 사람의 평가가 필요한가, 아닌가입니다.

자기 긍정감이 높은 사람은 다른 사람의 평가로 자신의 가치를 정하지 않습니다. 이에 반해 나르시시스트는 다른 사람에게 인정받고 훌륭하다는 소리를 듣기 위해 노력하고 어떤 자리에서든 돋보이려 합니다. 즉 나르시시스트는 다른 사람이 자기를 어떻게 보느냐가 더 중요합니다.

과정에 집중해서 칭찬하기

나르시시스트가 아닌 **자기 긍정감이 높은 아이로 자라기 위해선 부모의 말이 가장 중요합니다.** 과연 어떤 말이 아이의 자기 긍정감을 높일까요? **자기 긍정감은 내가 나인 것 자체에서 가치를 발견하는 상태입니다.** 따라서 다른 친구와 비교해서 해냈다, 못했다, 잘한다, 못한다는 식의 비교하는 말이나 우월감을 부추기는 말, 인정욕구에 바탕을 둔 말은 자기 긍정감에는 도움이 되지 않습니다.

이렇게 말하면 무슨 말인지 감이 잘 안 올 거예요. 구체적인 예를 들어 보겠습니다. "반에서 3등 하다니 대단해!", "체조 수업에서 새 기술을 제일 먼저 해내다니 대단해!" 등 아이가 잘한 일은 같이 기뻐하며 마구 칭찬하고 싶지요?

하지만 아이의 자기 긍정감을 높이고 싶다면 이런 말들은 주의하는 게 좋습니다. 스탠퍼드대학 캐럴 드웩 교수의 연구에 따르면 능력을 칭찬받은 아이는 다른 사람의 평가에 신경 쓰기 때문에 실패 위험이 큰 다음 단계의 과제에 도전하기를 꺼린다고 합니다. 이런 연구 결과를 보더라도 칭찬이라고 다 좋은 게 아니며 어떻게 칭찬할지 칭찬 방법에 주의를 기울여야 한다는 사실을

무조건 칭찬한다고
자기 긍정감이 높아지지 않는다

↓

칭찬은 구체적으로 한 일에 대해서

알 수 있습니다.[3]

우선 남과 비교하는 칭찬, 과도한 칭찬, 소질을 치켜세우는 칭찬은 피해야 합니다.

"열심히 노력하더니 이제 할 수 있게 됐구나."

"그렇게나 덤블링 연습을 열심히 하다니 정말 훌륭해."

이처럼 **노력의 과정**을 칭찬하십시오.

칭찬을 잘하는 것은 2장에서 말한 사고력을 키울 때도 유용하게 쓰이는 방법이었던 만큼, 칭찬 방식 하나로 사고력도 자기 긍정감도 높일 수 있습니다.

칭찬을 잘하는 팁을 하나 더 말하자면 "방금 네가 한 이러이러한 점이 좋았어."라고 한 일 자체를 그 자리에서 바로 간결하게 칭찬하는 것입니다.

예를 들어 아이가 댄스팀이 되어 공연하는 경우, 주위를 잘 살피며 움직여서 옆 친구와 부딪치지 않고 끝까지 잘 마무리하는 점이 눈에 띄었다면 "정말 잘했어!"가 아니라 **"주위를 살피면서 부딪치지 않고 잘했네!"** 하고 주목한 행동만을 콕 집어서 그 자리에서 바로 칭찬해 주면 더욱 좋습니다.

"큰딸은 혼자 사부작사부작 찰흙을 가지고 노는 걸 좋아했어요. 유치원에서 찰흙 놀이가 유행하니까 선생님이 지난달에 경연 대회를 열었는데 큰딸이 거기서 금메달을 땄어요. 우승한 날은 기뻐하더니 며칠 지나니까 찰흙 놀이는 쳐다보지도 않더라고요. 아무하고도 놀지 않고 멍하니 혼자 있어요. 어떻게 하면 좋을까요?"

아이가 갑자기 의욕을 잃었다니 걱정이 많겠네요. 신나게 찰흙 놀이하던 열정이 한순간에 식어버리다니 안타깝습니다. 무슨 일이 일어난 걸까요? 동기에는 내재적 동기와 외재적 동기 두 종류가 있는데, **외재적 동기 부여로 인해 내재적 동기가 무너진 경우라고 볼 수 있습니다.**[4]

• 내재적 동기

'그냥 좋아.', '하고 싶어!'라고 마음에서 우러나는 강한 동기. 좋아서, 하고 싶어서 이외에 별다른 동기가 없습니다.

보상 받으면 좋아하는 마음은 사라진다

좋아하는 일을 묵묵히 응원해 준다

• **외재적 동기**

보상과 이유가 있는 동기. 칭찬받는다, 용돈을 받는다, 갖고 싶은 장난감을 받는다 등 얻을 수 있는 보상에 대한 기대가 깔려 있습니다.

원래 큰딸은 찰흙 놀이 자체가 재밌어서 신나게 즐겼습니다. 바로 내재적 동기로 한 행동입니다. 하지만 찰흙 놀이가 유행하자 유치원에서 대회를 엽니다. 평소 찰흙 놀이를 좋아해 매일 즐기던 큰딸은 누구보다 솜씨가 뛰어납니다. 그래서 금메달을 받았는데 이때 찰흙 놀이하는 목적이 좋아해서(내재적 동기)인지, 금메달을 받고 싶어서(외재적 동기)인지 헷갈리게 됩니다.

동기가 학습에 미치는 영향을 다룬 연구가 있습니다. 미국 로체스터대학 사회심리학과 에드워드 데시(Edward L. Deci) 교수는 대학생을 대상으로 하여 퍼즐을 푸는 것에 대해 금전적 보상 실험을 했습니다.[5]

실험에 참가한 대학생을 두 그룹으로 나눠, 한 그룹에는 퍼즐을 풀면 1달러를 주겠다고 말하고 다른 한 그룹에는 아무 말도 하지 않았습니다. 시험 감독관이 시험장에서 잠시 나갔습니다. 흥미롭게도 시험 감독관이 나가고 난 후, 아무런 말을 듣지 않은 그룹의 학생들이 훨씬 많이 남아 퍼즐을 계속 풀었습니다. 즉 보상받기 위해 퍼즐을 풀었을 때보다 순수하게 퍼즐 자체를 즐길 때 오래도록 퍼즐에 몰두한 것입니다.

좋아서 한 일은 소중한 재산이 된다

스탠퍼드대학 심리학부 마크 레퍼(Mark R. Lepper) 교수도 미취학아동을 대상으로 흥미로운 실험을 합니다.

그림을 잘 그리는 아이에게 그림을 그리면 보상하는 실험이었습니다.[6] 원래 그림 그리기를 정말 좋아하는 내재적 동기가 있는 아이에게 보상을 줬더니 더 이상 그림 그리기에 흥미를 보이지 않았다고 합니다. 이처럼 외적 보상이 좋아하는 일에 대한 흥미를 떨어뜨리는 현상을 심리학 용어로는 **언더마이닝 효과**라고 부릅니다. **그냥 좋아서 하는 일을 이길 수 있는 것은 없습니다.**

아이가 그림을 그릴 때는 말을 걸지 않는 게 제일 좋습니다. “대단해”, “멋지다” 등의 말을 건네며 응원해 주고 싶겠지만 꾹 참으세요. “이건 뭐야?”, “뭐 그려?”라는 질문도 하지 마세요.

그림 그리기가 앞으로 아이의 학교 성적, 미래의 진로와 어떻게 이어질지는 아직 모릅니다. 그렇지만 그림에 쏟았던 시간과 집중력은 이후에 아이의 인생에서 분명 소중한 재산이 될 것입니다. 좋아서 하는 마음을 지켜봐 주는 것 또한 자기 긍정감을 길러 주는 아주 훌륭한 방법입니다.

심부름의 대가로 용돈을 준다면?

"집안일을 돕는 게 아이의 발달에 좋다고 하길래 식사 준비할 때 수저 놓는 일부터 맡겨 봤어요. 며칠 계속 잘하기에 좀 더 의욕을 불어넣어 주려고 한 번 할 때마다 100원씩 용돈을 줬더니 한동안 신나서 하더라고요. 그런데 오늘 아침에 빨래를 바구니에 넣으라고 시켰더니 '이거 하면 100원 줄 거야?'라고 묻는 거예요. 이럴 땐 어떻게 하면 좋을까요?"

자주 듣는 질문입니다. 책과 인터넷에서는 작은 성공 경험을 쌓아가는 일이 자기 긍정감을 높이는 데 중요하다고 설명합니다.

'신발 정리하면 100원' 등 소소한 심부름에 용돈을 주는 가정이 많습니다. 가족끼리 집안일을 돕는 훈훈한 분위기가 만들어지

심부름으로 받는 용돈 효과는 잠시뿐

↓

집안일을 게임처럼 해 보자

므로 긍정적으로 느껴지기도 합니다. 하지만 **자기 긍정감의 관점에서 보자면 심부름에 용돈이라는 보상을 주는 일은 결코 권하고 싶지 않습니다.**

앞에서 살펴본 내재적 동기, 외재적 동기와도 관련이 있는데요. 이번 사례에 나타난 아이의 사고 회로를 한번 들여다볼까요?

처음에는 식사 준비할 때 수저를 놓는 일을 맡아서 순수하게 기뻐합니다. 용돈까지 받으니 더욱 의욕이 샘솟지만, 이 단계에서 외재적 동기가 발생합니다. 결국에는 수저 놓는 일로 내가 가족에게 도움을 주는 역할을 맡아 기쁘다는 마음은 옅어지고 수저를 놓는 이유가 100원을 받기 위해서로 바뀝니다. 심부름은 더 이상 작은 성공 경험이 아닙니다. 100원을 받으면서부터는 동기가 뒤바뀌어 내재적 동기를 잃었다고 볼 수 있습니다.

작은 일부터 게임처럼 함께 하자

아이에게 성취감을 맛보게 하려면 작은 성공 경험을 만들어 주면 좋습니다. 다만 이 방법을 사용할 때는 **아이가 일을 했다고 금전적인 보상을 주거나 호들갑스럽게 칭찬하는 등 불필요한 행**

위를 하지 않도록 주의해야 합니다. 호들갑스러운 칭찬이나 보상은 순간적으로는 의욕과 자기 긍정감을 높이는 효과를 발휘합니다. 단 효과는 한순간에 그치며 장기적으로는 오히려 악영향을 미친다는 연구 결과가 많습니다.

"100점 맞으면 이거 사줄게."라는 보상을 계속하다 보면 불안감, 우울증 같은 정신적인 측면만이 아니라, 신체적인 면, 인간관계 면에서도 좋지 않은 영향을 초래한다는 연구 결과를 볼 수 있습니다.[7,8] 그렇다면 아이가 스스로 집안일을 돕게 하고 싶다면 어떻게 하면 좋을까요?

우선 **집안일에 관심을 갖도록 아주 소소한 일부터 게임처럼 해 보세요.** 빨래 속에서 같은 양말 한 켤레를 찾는다든가, 정리하는 시간을 측정하면서 어제의 기록을 깨 보는 도전을 하는 등 게임 요소를 넣어 놀이하듯 즐기면서 하면 좋습니다.

이때 집안일을 같이 하니까 정말 좋다고 부모의 마음을 있는 그대로 솔직하게 전달합니다. 단, 아주 간단한 일을 과장해서 칭찬하는 일은 좋지 않습니다. 그냥 슬쩍 "고마워."라고 말해 보세요. 그 말로도 아이는 충분히 기뻐할 테니까요.

"우리 애는 별일 아닌데도 자기 마음에 들지 않으면 금세 울음을 터트려요. 한번 울음이 터지면 한참을 징징대고요. 빨리 울음을 그치면 좋겠는데. 정말이지 '울지 마!'라는 말을 안 하고 넘어가는 날이 없는 것 같아요."

아이들은 아파서 울던, 화가 나서 울던, 뭔가 오해가 있어서 울던지 한번 울기 시작하면 어떤 설득도 통하지 않지요. 금방 잊고 헤헤거리는 아이도 있지만 오래도록 마음에 담아둔 채 우울해하는 아이도 있습니다.

지켜보는 어른으로서는 '뭘 이런 일 가지고 저러나, 빨리 그쳤으면 좋겠는데!'라고 조바심이 납니다. 하지만 여기에도 부모가 놓치기 쉬운 위험 요소가 숨어 있습니다.

어른은 안 좋은 일은 빨리 잊으면 된다고 쉽게 말하지만, 이런 생각은 아이들이 자기 긍정감을 높이는 데에는 역효과를 줄지도 모릅니다.

이번 사례에서 아이는 아마도 다음과 같은 굴레 속에 갇혀 있

"울지 마!"라는 말에 더 슬퍼진다

슬픈 기분을 그대로 수용한다

을 것입니다.

안 좋은 일이 생겨서 슬퍼서 운다.→내 딴에는 열심히 잊으려 한다.→그래도 이건 너무 슬프다.

어른이 "울지 마!"라고 말하면 아이는 울면 안 된다고 생각하게 됩니다. 하지만 싫은 감정과 슬픈 감정은 억누르려고 하면 할수록 오히려 더 오래 지속됩니다.

2013년 컬럼비아대학 공중위생학과 피터 무에니그(Peter Muennig) 교수팀과 하버드대학 보건대학원 이치로 가와치(Ichiro Kawachi) 교수팀이 12년에 걸친 추적 연구를 진행했습니다. 이에 따르면 감정을 자주 억누르는 사람은 그렇지 않은 사람에 비해 사망률은 약 30퍼센트 높으며 심근경색 등의 심혈관계 질환 발병률은 1.5배, 암 발병률은 1.4배 높다는 결과가 나왔습니다.[9]

이렇게 싫은 감정과 슬픈 감정을 억지로 눌러놓으면 **마음뿐만 아니라 몸에도 영향을 주게 됩니다.** 아이가 울 때는 "울지 마!"라고 우는 일 자체를 부정할 게 아니라 그저 "속상하구나, 그래그래.", "싫구나, 알았어." 하고 공감의 마음을 표현해 주세요.

지금까지 아이의 자기 긍정감을 높이기 위해 과학적으로 유효한 원칙을 소개했습니다. 이제 발달 단계별로 일상생활에 바로 적용할 수 있는 실천적인 방법을 살펴볼게요.

자기 긍정감을 높이는 연령별 실천법

칭찬할 때 지켜야 할 4가지 원칙

3장에서는 아이의 자기 긍정감을 높이는 칭찬법의 중요한 원칙을 살펴봤습니다. 다음은 연령에 상관없이 적용되는 공통된 원칙입니다. 칭찬할 때 지켜야 할 4가지 원칙을 간략히 정리하면 다음과 같습니다.

①결과가 아니라 노력한 과정을 칭찬한다.

②과장된 칭찬은 역효과를 낳는다.

③보상으로 유혹하지 않는다.

④다른 사람과 비교하지 않는다.

이런 원칙을 마음에 담아 두었다가 아이를 칭찬할 때는 제대로 칭찬해 주세요.

3~6세

마음의 안전지대 구축

아이의 취향을 인정한다

아이의 자기 긍정감을 높이기 위한 가장 중요한 원칙은 부모 등 가까운 어른이 아이를 있는 그대로 받아들이고 신뢰하는 것입니다. **무엇보다 아이의 결정과 의사를 부정하는 말을 조심해야 합니다.**

혹시 나도 모르게 그런 말이 튀어나오지 않나요? 내가 보기에는 그저 그런 인형인데 아이가 "귀여워!"라고 말합니다. "그게 뭐가 귀여워?"라고 하면 아이는 '내 가치관과 미의식이 잘못됐나 봐.' 하고 느낄 수 있습니다. 아이의 말을 무시하거나 반박할 의도가 없었고 그냥 궁금해서 묻는 것이라 해도 아이는 어른의 말투에서 여러 뉘앙스를 읽어 냅니다.

이럴 때 "별로 안 귀여운데."라고 말하지 말고 "그렇구나, ○○는 이 인형이 귀엽구나."라고 우선은 공감을 표합니다. **공감과 거짓말은 다릅니다.** "엄마도 이 인형이 귀여워."라고 거짓말을 할 필요는 없습니다. "너는 그렇게 생각하는구나."라고 아이의 의견을 있는 그대로 수용하면 됩니다.

본 그대로를 말한다

스탠퍼드대학 클로드 스틸(Claude M. Steele) 심리학 교수팀의 연구에 따르면 고정 관념에 따른 일방적인 단정이 아이의 사고 형성에 중대한 영향을 미친다고 합니다.[10]

"넌 엄마 닮아 운동신경이 둔해서 거꾸로 매달리기 못하는구나. 어쩔 수 없지."

"넌 여자아이라서 문과가 맞나 봐. 수학은 좀 못해도 괜찮아."

평소에 쌓인 고정 관념을 반영해 아이 앞에서 단정 짓듯 말하지는 않나요? 아이를 위로하려고 하는 말이지만 자기 긍정감의 관점에서 보자면 잘못된 대응입니다.

달리 표현할 방법을 모르겠다면 **사실만 그대로 말해도 괜찮**

습니다. 예를 들어 거꾸로 매달리기를 못 한다면 "거꾸로 매달리기를 못 했구나." 하고 말하고, 수학 점수가 좋지 않다면 "수학이 어려운가 보구나."라고 말하면 됩니다. 이 말로 충분합니다.

7~9세

부모의 사랑을 느낄 수 있게

오늘부터는 장점만 본다

인간의 뇌는 좀처럼 거스를 수 없는 습관을 지녔습니다. 부정성 편향도 그중 하나입니다. 우리의 뇌는 방대한 정보 가운데에서 필요한 것을 곧바로 꺼내 쓰기 위해, 검색 엔진으로 치자면 자동 완성 기능과 같은 편리한 기능을 갖추고 있습니다. 자동 완성 기능을 쓸 때 뇌는 '생존에 도움이 되는 것'을 최상위에 표시합니다. 그래서 위험했던 상황, 무서웠던 일 등 부정적 정보를 뇌는 더 강하게 기억하고 가장 먼저 떠올립니다.

잠시 내 아이를 떠올려 보세요. 아이의 장점과 단점 중 무엇이 먼저 떠오르나요. **아이의 단점이나 실수가 머릿속을 지배한다**

면 내 뇌의 습관 때문일 수 있습니다. 나쁜 기억에 사로잡히지 말고 아이의 장점, 잘했던 일 등을 의식적으로 떠올리도록 해야 합니다.

부모가 아이의 단점보다 장점에 집중할 때 아이도 자신의 장점에 더 집중하면서 '난 할 수 있어.'라는 감각(자기 효능감)과 자기 긍정감이 높아지는 사이클이 만들어집니다.

2~3개의 선택지를 주자

어린이집 등원도 시켜야 하고 출근도 해야 하는 바쁜 아침 시간엔 1분 1초가 아깝습니다. 그러다 보니 아이의 옷을 골라놓거나 어린이집까지 가는 최단 거리를 정해 놓는 등 시간을 단축할 수 있는 일들을 부모가 미리 정해 놓곤 합니다.

하지만 자기 긍정감을 높이는 습관을 들이려면 부모는 잠시 뒤로 물러나 **아이가 스스로 선택하는 감각을 기르게 해야 합니다.** 자기결정이 행복감을 좌우하니까요.

아침에 등원할 때 입을 옷을 두세 벌 여유 있게 꺼내 놓고 아이 스스로 고르게 하거나 가장 빠른 길로 갈지, 경치가 좋은 길로 갈지 등 어린이집까지 가는 길을 고르게 하거나 버스, 지하철, 도보 등 이동 수단을 고르게 하는 등 부모가 해 줄 수 있는 범위 내에서 선택지를 제시하고 아이가 고르는 방법을 시도합니다.

시범을 보이고 도와준다

바쁜 아침 시간에 계란밥을 만들려고 서두르는데 아이가 다가와서는 "내가 할래!" 하고 외칩니다. 왜 아이들은 계란을 꼭 직접 깨고 싶어 할까요? 우리 집에선 계란 때문에 매번 실랑이가 벌어집니다. 솔직히 어른이 하면 훨씬 빠르고 부엌도 어지럽히지 않으면서 깔끔하게 끝납니다. 하지만 하고 싶어 하는 일을 못 하게 했다가는 울고불고 난리가 나서 시간을 더 잡아먹기도 하죠.

그럴 때는 속 시원히 **시범을 보여 주고 나서 아이에게 한번 맡겨 보세요.** 엄마가 나에게 이 일을 맡겼다는 기쁨과 책임감에 정말로 열심히 할 겁니다. 뒷정리는, 글쎄요? 이 순간 나는 아이의 자기 긍정감을 높이고 있다고 위로하면서 잠시 아이를 지켜봐 주세요.

10~12세

아이의 다양성 인정

건강한 수면 습관 들이기

2015년 일본 문부과학성이 초등학교 5학년부터 고등학교 3학년 학생을 대상으로 수면 시간과 심신 건강에 관한 설문조사를 실시했습니다. 전국 공립학교 가운데 771개교 총 2만 3,139명의 아이들에게 물었습니다.

그 결과 수면이 부족하다고 느끼는 아이일수록 '나는 내가 좋다.'는 항목에 부정적인 대답을 했습니다. 즉 **수면시간이 부족한 아이일수록 자기 긍정감이 낮다**는 결과가 나왔습니다.[11]

이 연령대의 아이는 밤늦게까지 깨어 있는 걸 좋아하기도 하고 학원 숙제를 비롯한 공부 양도 늘면서 수면 시간이 점점 줄어듭니다. 수면의 중요성을 아이와 공유하고 아이가 충분히 잘 수 있도록 생활 습관을 잡아 줘야 하는 중요한 시기입니다.

방과 후 활동은 아이 스스로 결정

음악, 미술, 체육 등 방과 후 예체능 활동을 계속할지 말지는 이 나이의 아이들에게 매우 중대한 문제입니다. 학업과 관련한 학원 시간을 확보하기 위해 방과 후 예체능 활동을 줄이거나 그만둬야 하는 건 아닐까, 앞으로도 계속하고 싶은가, 전공으로 삼으려면 지금부터 본격적으로 준비해야 하나 등 부모의 고민이 깊어집니다. 이런 상황 또한 자기 긍정감을 길러 스스로 결정하는 아이로 커 나가는 기회라 생각하고 아이와 논의하는 자리를 마련합니다.

"성적이 떨어졌으니 내일부턴 학원에 다니자.", "축구는 이제 그만하자." 등 부모가 일방적으로 결정하면 아이 스스로 결정하는 힘을 뭉개 버리게 됩니다.

아이에게 몇 가지 선택지를 말해 주고, 그 가운데에서 스스로 목표를 설정하도록 합니다. 시간은 걸리겠지만 그렇게 했을 때 비로소 스스로 결정했다는 자신감과 자신의 생각이 존중 받았다는 자기 긍정감이 생겨납니다.

걱정 대신 신뢰를 준다

이제 막 사춘기에 접어들기 시작하는 아이를 아무 걱정 없이 바라보는 부모는 없을 것입니다. 걱정하는 일 자체는 문제가 없지만, 자기 긍정감의 관점에서 보자면 아이는 부모가 자신을 걱정하는 모습을 보거나 느끼면 '사랑받고 있다.', '기쁘다.'라고 여기기는커녕 **'내가 못하니까 저렇게 걱정하는구나.', '아직 나를 믿지 못하는구나.'라고 받아들입니다.** 이러다 보면 자기 긍정감은 서서히 떨어지고요.

부모의 걱정이 의도치 않은 방향으로 해석되어 아이의 자기 긍정감을 낮추게 된다면 가만히 지켜만 볼 수는 없겠지요. 아이에게 걱정 대신 신뢰를 주세요. 아이에 대한 신뢰를 부모의 말과 행동으로 보여 줘야 합니다.

4장

포기하지 않는 마음

실패해도 다시 일어서는 힘

성공한 사람의 공통점 포기하지 않는 마음

포기하지 않는 마음은 단련할 수 있다

적절한 의사소통을 통해 경험치를 넓히고, 깊은 사고력을 기르고, 주위와 비교하지 않고 나를 있는 그대로 받아들이는 자기 긍정감을 높인다 해도 스스로 결정한 선택이 틀리거나 선택을 잘못해서 헤맬 수 있습니다. 스스로 결정하는 아이가 되기 위해서는 의사소통 능력, 사고력, 자기 긍정감에 더해 **'포기하지 않는 마음'**이 필요합니다.

포기하지 않는 마음과 관련해 《GRIT(그릿)》이라는 책이 크게 주목받았습니다. 그릿은 실패하더라도 포기하지 않고 끝까지 해내는 힘 혹은 끈기를 뜻합니다. 사회적으로 성공한 사람들은 곤란한 상황에 맞닥뜨리더라도 꺾이지 않는 강한 마음을 가졌다는 것입니다.

그릿은 펜실베니아대학 심리학과 교수인 앤절라 더크워스(Angela Duckworth)가 주장한 개념입니다. 앤절라 교수는 'IQ, 재능, 환경이 아니라 끝까지 하겠다는 집념이야말로 사회적으로 성공을 거머쥐는 가장 중요한 요소'라고 말합니다. 또한 **그릿은 선천적인 것이 아닌 후천적으로 길러지는 능력**이라고 강조합니다.[1]

사회 심리학자인 스탠퍼드대학 캐럴 드웩 교수는 "태어나면서부터 가진 지능을 칭찬받으며 자란 아이는 자기의 능력과 재능은 선천적이므로 노력으로 성장시킬 수 없다고 여긴다."라고 지적합니다. 반면에 **"노력한 과정과 노력하는 자세를 칭찬받으며 자란 아이는 무슨 일이든 최선을 다해 끈기 있게 노력하면 언젠가 반드시 해낼 수 있다고 여긴다."**라고 합니다.[2]

이는 자기 긍정감과도 연결되는 중요한 지적입니다. 3장에서 말한 것처럼 높은 자기 긍정감은 정서적인 안정으로도 이어져 스트레스에 대한 내성을 높이기 때문에 결과적으로 스트레스에서 오는 질병에 걸릴 위험도를 낮춰 주기도 합니다.

즉 그릿은 성공한 사람이 지녔을 확률이 높고, 정신적 육체적으로도 이점이 많으며 후천적으로 몸에 새길 수 있는 종합 선물 세트 같은 능력입니다.

그릿(GRIT)을 다음의 4단어의 머리글자를 딴 말로 해석하기도 합니다.

- Guts(담력): 어려운 일에 맞선다.
- Resilience(회복력): 실패해도 포기하지 않고 계속한다.
- Initiative(자발성): 스스로 목표를 직시한다.
- Tenacity(집념): 끝까지 해낸다.

그릿은 이렇게 4가지 힘을 키우는 과정에서 단련됩니다. 그럼 구체적이고 실천적인 방법을 살펴보겠습니다.

덮어 놓고 어렵다고 생각하는 태도를 바꿔 보자

"몇 개월 전부터 초등학교 3학년 아들이 수학학원에 다녀요. 얼마 전에 아이가 '나 계산 문제 잘 풀어.'라고 자랑하더군요. 처음에는 그 말을 듣고 기분이 좋았는데 자세히 보니 똑같은 연산 문제를 계속 반복해서 풀다 보니 답을 거의 외우고 있더라고요. 선

반복 학습의 효과는 아주 작다

↓

단 한 발짝이라도 앞으로 나아간다

생님은 '반복 학습은 성취감을 맛보고, 하면 된다는 자신감을 높이는 좋은 방법'이라고 말씀하시던데 엄마로서는 왠지 찜찜하네요."

"나 계산 문제 잘 풀어." 하고 자신감을 가지게 됐으니 일단 긍정적인 신호로 받아들일 만합니다. 다만 왠지 찜찜한 마음도 이해가 가네요. '똑같은 연산 문제를 반복해서 푸니까 할 수 있다고 착각하는 것뿐이지 정말로 잘하는 걸까?' '다른 문제가 나오면 풀 수 없어서 오히려 자기 긍정감이 떨어지는 건 아닐까?' 상담자의 찜찜함을 말로 표현하면 이렇게 되겠지요.

그렇다면 하나씩 정리해 볼까요?

그릿의 관점에서 보자면 **조금씩이라도 좋으니 지금 할 수 있는 것보다 한 단계 어려운 일에 도전할 것을 추천합니다.** 같은 문제나 수준이 똑같은 문제를 반복해서 풀면 자기 효능감, 의욕, 동기는 좋은 방향으로 변화합니다.

단, 이 변화는 어디까지나 일시적입니다. '일시적이라 해도 효과가 있다면 좋은 게 아닐까?'라고 여길지 모르겠지만, 그렇지 않습니다. 장기적으로 보면 아이가 느끼기에도 간단한 일을 호들갑스럽게 칭찬하거나 반복해서 문제 풀기를 시키면 **'내 수준은 이**

정도다.'라고 자신을 과소평가하게 됩니다.

반대로 작은 단계를 밟아 올라가면서 점점 수준을 높이면 어렵다는 선입견 없이 **'할 수 있을 것 같아.' '어떻게 하면 될까?' 하고 아이는 도전을 긍정적으로 받아들이게 됩니다.** 부모는 이때 한 단계 더 높여 나가려는 과정과 노력 자체를 칭찬해 주면 됩니다.

단계를 높여 나간 결과 더 어려운 문제를 풀 수 있는가 아닌가는 그다지 중요하지 않습니다. 그릿의 관점에서 보자면 아이가 도전을 스스로 선택한 일, 도전했다는 사실 자체가 아이에게 자신감을 심어 주는 계기가 됩니다.

조금씩 성장하게 한다

이번 사례의 경우 아주 작은 차이라 할지라도 아이가 한 단계 나아갔다고 느끼도록 연산 문제의 수준을 높여 가는 편이 좋습니다.

편식하는 아이에게도 이런 시도를 한번 해 보세요. 토마토, 브로콜리, 당근, 옥수수 등 색색의 채소를 예쁘게 담아놨는데 아이가 옥수수만 골라 먹습니다. 채소를 싫어하는 아이와 어떻게든 먹이고 싶은 엄마 사이에 실랑이가 벌어지곤 합니다. 이럴 때 부모는 아이가 남겨 놓은 토마토, 브로콜리, 당근에만 눈이 갑니다. 접시에 그대로 남아 있으니 존재감이 더 두드러지죠. "또 남겼어!"라는 말이 나도 모르게 튀어 나옵니다.

하지만 이때는 우선 옥수수를 먹은 일을 인정해 주세요. 이어서 "옥수수가 혼자 뱃속에 들어가서 심심하겠다. 당근이랑 같이 있게 해 주면 어떨까?" 하고 말해 보면 어떨까요?

평균적으로 학원을 2개 이상 다닌다

"며칠 전에 애들 엄마 모임에서 아이들 학원 얘기가 나왔어요. 다들 학원을 많이 다녀서 좀 놀랐어요. 평일엔 학원을 여러 군데 다니느라 밤늦게야 저녁을 먹는 아이도 있더라고요. 하루에 2군데는 기본이고요. 우리 애는 일주일에 1번 수영 다니는 게 전부인데. 학원을 여러 군데 보내서 많이 시키는 게 좋을까요?"

가능한 많은 학원을 보내는 게 좋다?

↓

학원은 2군데 정도가 적당하다

그만둘 때를 정하면 쉽게 포기하지 않는다

저 또한 엄마 모임에서 아이들이 학원을 많이 다닌다는 얘기를 듣고 놀란 적이 있습니다. 다른 집과 비교하면서 "우리 애만 너무 노는 거 아냐. 학원을 늘리는 게 좋을까?" 하고 걱정이 드는 마음, 저도 잘 압니다.

그렇다면 초등학생들은 학원을 몇 개 정도 다닐까요?

2022년에 일본의 주식회사 이오레가 12세 이하 어린이를 대상으로 '다니는 학원 개수'를 조사했습니다.[3] 결과는 2개가 31.4퍼센트로 가장 높았고, 3개(25.1%), 1개(19.1%), 4개(13.1%), 5개 이상(11.3%) 순으로 나타났습니다.

3개 이상 다니는 아이가 약 50퍼센트나 됩니다. 이렇게나 바쁘게 지내는구나 싶어 깜짝 놀랐습니다.(참고로 2020년 소비자공익네트워크가 발표한 조사결과에 따르면 한국의 초등학생은 평균 2.3개의 학원에 다니는 것으로 나타났습니다.-옮긴이)

아이가 학원에 다닐 때마다 또 금방 그만둔다고 할까 봐 조마조마합니다. "다니고 싶어!"라고 의욕에 차서 시작하는 일 자체는 좋지만 시작하자마자 며칠 못 가서 "그만 다닐래." 하고 포기한다면 포기하지 않는 마음을 기를 수 없습니다. 그렇다고 아이가 다니기 싫어하는데 계속 다니라고 윽박지르면 아이의 마음에 좌절감만 남을 수 있습니다.

다니기 싫다면 그냥 그만두는 게 맞는지, 억지로라도 다니도록 하는 게 맞는지 판단이 참 쉽지 않습니다. 일정 기간 계속 다녔지만, 아이가 정말 다니기 싫어하고 보람이나 기쁨을 찾을 수 없다면 단호하게 결단을 내릴 필요도 있습니다.

다만 무턱대고 그만둘 게 아니라 올해 말까지는 다녀 보자, 5학년까지는 다니자 하고 조건을 붙여서 그만둘 때를 정하는 편이 더 설득력이 있습니다.

학원은 2군데 정도가 적당

그렇다면 학원은 몇 개 정도가 적당할까요? **2군데 정도가 적당하다**는 연구 결과가 많았습니다.[4]

아이에게는 현상을 파악하고 스스로 과제와 목표를 설정할 시간이 필요합니다. 이것저것 많이 배우다 보면 그런 시간을 확보할 수 없습니다. 다음 단계에 도전하려고 할 때 계속하지 못했던 원인은 무엇일까, 내게 부족한 것은 뭘까, 스스로에게 묻는 과정이 포기하지 않는 마음을 길러 줍니다.

매일 학원과 과제에 이리저리 치이는 하루를 보내다 보면 현상을 차분히 파악하거나 앞으로의 과제와 목표를 설정할 여유가 없겠지요.

물론 모든 아이에게 학원 2군데가 적합한 것은 아닙니다. 학원의 종류에 따라서는 주 5일을 가야 한다거나 매일 집에서 연습해야 하는 분야도 있습니다. 다만, **아이 스스로 자기가 어떤 하루를 보내는지 파악할 여백의 시간을 확보할 수 있어야 한다**는 점이 중요합니다.

아이의 상상력을 높이기 위해서도 **아무것도 하지 않는 시간과 공간은 무척 중요한 역할을 합니다.** UCLA(캘리포니아 대학교 로스앤젤레스) 정신과 교수 다니엘 시겔(Daniel J. Siegel)의 연구도 이를 뒷받침합니다.[5] 이것저것 학원과 숙제에 치여 지내는 일은 아이에게 결코 좋지 않습니다. 학원에 다닐지 말지는 가정의 방침과 아이의 자주성을 잘 살피고 아이와 충분히 논의한 후 신중하게 정하는 것이 좋습니다. 만약 학원이 아이에게 맞지 않다면 시기를 정해 놓고 방향 전환을 시도해도 괜찮습니다.

실패를 두려워하게 만드는 칭찬의 함정

"아이가 실패를 지나치게 두려워하는 것 같아요. '못할 바엔 안 하는 게 나아.'라는 식의 말을 자주 하고 발표 시간에도 손을 잘 안 든다고 하더라고요. 어렸을 땐 아주 적극적인 아이였는데 왜 그럴까요. 어떻게 하면 좋을까요?"

'틀리면 창피해.', '바보라고 놀릴지도 몰라.', '못한다고 생각할까 봐 싫어.' 등 아이가 커 갈수록 실패에 대한 두려움도 함께 커 갑니다. 이는 인간이 가지는 자연스러운 감정입니다. 하지만 두려움이 지나치면 새로운 시도를 하기 어려울 수도 있습니다.

먼저 아이가 실패했다고 느끼는 마음의 프로세스와 사고 회로를 들여다볼까요.

아이를 칭찬할 때는 크게 2가지의 칭찬 방식이 있습니다.

①아이의 재능과 결과를 칭찬한다.

②아이가 한 노력과 과정을 칭찬한다.

①의 재능과 결과를 칭찬했을 때를 한번 볼까요. "발이 빠르구나, 대단해." "매번 1등을 하다니 정말 잘했어." 이처럼 재능과 결과를 칭찬하면 아이는 그 순간에는 무척 기뻐합니다.

새로운 시작을 두려워하는 아이라면?

↓

멋진 도전!이라는 마법 같은 말

하지만 이런 칭찬은 '빨리 달리지 못하면 나는 대단하지 않아.', '1등 못 하면 나는 아무것도 아니야.'라는 인식을 심어 주며 아이가 결과에 집착하는 원인을 제공합니다. 그러다 보면 아이는 1등을 못 할 것 같으면 처음부터 도전하지 않거나 1등을 못 하면 아예 말을 하지 않습니다.

②의 노력과 과정을 칭찬했을 때를 볼까요. 실패하든 말든 도전 자체를 칭찬받는다면 '결과는 그렇게 중요하지 않다.', '도전은 좋은 것이다.'라고 여기고 이것저것 도전해 보자는 마음을 갖게 됩니다.

부모의 지나친 참견이 아이에게 포기하는 마음을 갖게 한다

헬리콥터 부모라는 말을 들어 보셨나요? 항상 아이 옆을 맴돌면서 곤란한 일, 힘든 상황 등 아이가 심리적 스트레스를 느낄 만한 상황을 사전에 파악해 아이의 인생에서 걸림돌을 하나도 남김없이 제거하려는 부모를 가리키는 말입니다. 이런 환경에서 자란 아이는 스스로 목표를 달성하는 일의 의미와 이기든 지든 그 결과를 있는 그대로 수용하는 태도를 배울 수 없습니다.

부모가 아이의 갈 길을 미리 깔끔하게 정리해 주면 아이 스스로 하고자 하는 의욕이 꺾일 뿐만 아니라 아이의 두뇌 발달에도 영향을 줄 가능성이 있다는 무서운 연구 결과가 나왔습니다.

2014년 메리워싱턴대학의 사회심리학자인 민디 어철(Mindy J. Erchull) 교수 등이 진행한 연구는 헬리콥터 부모에게서 자란 아이의 특성을 상세히 보여 줍니다.[6]

헬리콥터 부모에게서 자란 아이는 현재의 생활에 불만이 많았고 우울증 성향을 보이는 사람도 많았습니다. "부모의 지나친 간섭은 아이의 능력과 독립심 발전을 저해할 뿐만 아니라 아이의 행복감을 빼앗는다. 또한 어른이 되고 나서는 사회생활의 이런저런 압박에 제대로 대응하지 못한다."라고 이 조사는 보고 합니다.

2016년 플로리다 주립대학의 카일라 리드(Kayla Reed) 교수 등이 발표한 연구에 따르면 헬리콥터 부모에게서 자란 아이는 성인이 됐을 때 건강에 문제를 겪는 비율이 높다고 합니다.[7] 부모가 옆에서 음식, 운동, 취침 시간 등 일상생활의 모든 것을 챙기고 지시해서 자신의 몸을 돌보는 법을 익히지 못했기 때문입니다.

2018년 미네소타대학의 니콜 페리(Nicole Perry) 교수가 422명의 아이들을 대상으로 진행한 8년간의 추적조사도 부정적인 결과를 보여 줍니다. **부모의 간섭을 많이 받으며 자란 아이일수록 감정을 제어하기 힘들어 하고 사회성이 부족하며 학습 면에서도 어려움을 겪는다고 합니다.**[8]

이 연구에서는 아이가 두 살 때 부모가 과도하게 참견하거나 행동을 제한하면 다섯 살 때 자신의 감정과 행동을 잘 제어하지 못한다는 사실이 확인됐습니다. 한편 다섯 살 때 자신의 감정과 행동을 제어할 줄 알았던 아이는 열 살 때 감정이 안정적이고 사회성이 뛰어나며 학교 성적도 좋았다고 합니다.

이 연구에서도 알 수 있듯이 보호라는 이름으로 아이를 무조건 감싸기보다는 다치고 상처 입고 실패하더라도 아이가 도전할 기회를 활짝 열어놓았을 때 아이는 더 건강하게 성장합니다. 이를 위해서는 비록 이상적인 말처럼 들리겠지만 **"결과는 중요하지 않아. 과정이 중요해."**라고 자주 말해 주세요. 아이가 결과를 신경 쓰며 얘기하더라도 부모는 "도전했다는 게 중요해! 정말 멋진 도전이었어."라고 진심을 담아 말해 주세요.

나쁜 의도가 없는 사소한 거짓말이 아이의 미래를 위협한다

"아이가 초등학교에 입학한 뒤 저는 파트 타이머로 일하고 있어요. 아이가 혼자 있기 싫어할까 봐 '걱정하지 마. 금방 올 거야.'라는 말을 하고 출근하는데 최근 들어 '어차피 늦을 거면서.'라고 뚱한 반응을 보이더라고요."

"금방 올게." 부모가 아이에게 정말 자주 하는 말입니다. '애가 울면 어쩌지.', '천천히 설명해 줄 시간도 없는데.' 하고 무심코 거짓말을 하고 맙니다.

"걱정하지 마, 의사 선생님이 주사 하나도 안 아프게 놔줄 거야!"

"오늘은 과자가게가 문을 안 열어서 과자 못 사."

"다음에, 일요일에 데려가 줄게!"

거짓말을 거짓말이라고 의식하지도 못한 채 너무 쉽게 내뱉습니다. 부모가 보기에는 좋은 의도로 하는 사소한 거짓말이지만 아이에게는 거짓말을 하는 이유가 크든 작든, 좋은 의도든 나쁜 의도든 상관없습니다. 어떤 거짓말이든 '엄마가 거짓말했다.', '아

"금방 올게." 사소한 거짓말의 결과

거짓말 대신 선택지를 주자

빠가 나를 속였다.'라고 느낍니다.

최근의 연구 결과들은 **사소한 거짓말이 아이의 미래에 큰 영향을 미칠 수 있음**을 보여 줍니다.

2019년 싱가포르 난양공과대학 심리학부 페이페이 세토(Peipei Setoh) 조교수가 이와 관련한 연구를 진행했습니다. 피험자에게 앞에서 말한 것처럼 사소한 거짓말을 예로 들면서 "부모가 나에게 거짓말을 한 적이 있는가?", "나는 부모에게 거짓말을 한 적이 있는가?"라는 두 질문을 연달아 던졌습니다.[9]

그랬더니 **아이였을 때 부모의 거짓말을 많이 접한 사람일수록 커서 부모에게 거짓말을 하는 경향이 높다**는 결과가 나왔습니다.

공격적인 행동을 보이거나 규칙을 잘 지키지 않는 등 사회적으로 바람직하지 않은 문제를 일으킬 위험 또한 높았습니다. 부모가 '이 정도쯤이야.'라며 아무렇지 않게 내뱉는 사소한 거짓말이 아이의 미래에는 이토록 큰 영향을 미칩니다.

거짓말 대신 아이에게 선택지를 주자

사소한 거짓말 중에는 협박처럼 느껴지는 말도 있습니다.

"(가족 여행 중 싸우는 아이들에게) 지금 당장 그만두지 않으면 그냥 집에 간다!"

"크레파스 어질러 놓은 거 정리 안 하면 다 갖다 버린다!"

부모는 그럴 의도가 아니겠지만 아이를 협박하는 것처럼 들리는 이런 말도 아이는 부모가 거짓말을 했다고 판단합니다.

이런 현상을 심리학 용어로는 **더블 바인드**(Double Bind) **즉 이중 구속이라고 부릅니다. 더블 바인드는 모순된 메시지 사이에 끼어서 결국에는 상대방의 말에 따를 수밖에 없게 만드는 의사소통 형태를 가리킵니다.** 아이는 '어차피 여행 계속할 거면서.', '어차피 안 버릴 거면서.'라고 생각합니다. 그렇게 되면 부모가 하는 말을 믿지 않게 되고 나아가서는 '이 순간만 넘기면 되지 뭐.'라는 생각이 커집니다.

그렇지만 조금의 거짓도 없이 항상 솔직하게 아이를 대하기는 쉽지 않습니다. 그러려면 시간적 여유, 인내, 마음의 관용이 필요합니다.

우선 아이 앞에서는 적어도 내가 한 말에 책임을 지자고 다짐

합시다. 이것저것 신경 쓸 게 한두 가지가 아닌데 어떻게 매일 너그러울 수 있냐고 반발하는 목소리가 들리는 듯하네요. 그렇다면 오늘부터 할 수 있는 구체적인 방법을 알려 드릴게요. 바로 아이에게 선택지를 주는 것입니다. **상황을 간결하게 설명하고 아무리 사소한 것이라도 좋으니 아이에게 선택지를 주고 고르게 합니다.**

페이페이 세토 교수는 아이를 다음과 같이 대하라고 권합니다.

①아이의 감정을 따라가며 이해와 공감을 표한다.

②문제를 공유하고 함께 해결책을 찾는다.

③선택지를 제시하고 선택하게 한다.

③의 선택지는 아주 사소한 것이어도 상관없습니다. 예를 들어 집에 돌아오는 길에 신호등의 신호가 바뀌었을 때 오른발을 먼저 내밀까 왼발을 먼저 내밀까와 같은 수준의 것이라도 좋습니다.

앞의 사례로 돌아가서 아이에게 어떻게 말하면 더 좋을지를 보여 드립니다.

"금방 올게"

→ "엄마도 빨리 오고 싶으니까 두 시에 끝나면 바로 올게. 오늘이랑 내일은 두 시까지 일하는데 모레는 일이 없으니까 학교에서 오면 같이 공원 갈까? 아니면 시장 갈까?"

"걱정하지 마, 의사선생님이 주사 안 아프게 놔줄 거야!"

→ "바늘이 콕 찌르니까 아프겠지만 금방 끝나. 오른팔이 좋을까? 왼팔이 좋을까?"

"오늘은 과자가게가 문을 안 열어서 과자 못 사."

→ "그렇구나. 과자가 먹고 싶구나. 하지만 집에 과자 많은데. 집에 가서 팝콘 먹을까? 초콜릿 먹을까?"

"다음에, 일요일에 데려가 줄게!"

→ "동물원이 좀 멀고, 아빠도 엄마도 일 때문에 지금 당장 갈 수는 없어. 하지만 이번 일요일에는 갈 수 있어. A동물원 갈까, B동물원 갈까?"

이처럼 아이의 감정을 따라가면서 공감하고 정확한 정보를 전달한 뒤, 선택지를 제시하고 아이 스스로 고르게 합니다.

지금까지 포기하지 않는 아이의 마음을 기르는 유효한 원칙을 소개했습니다. 이어서 아이의 발달 단계별로 일상생활에서 적용할 수 있는 실천 방법을 살펴보겠습니다.

포기하지 않는 마음을 키우는 연령별 실천법

3~6세

원래 가진 포기하지 않는 마음을 망가뜨리지 않기

"위험해서 안 돼!"는 최소한으로

부모가 아이를 대할 때 먼저 전제되어야 할 생각이 있습니다. 바로 **"아이에게는 스스로 생각하는 능력이 있으며 대처할 수 있는 힘도 있다. 그러므로 믿고 지켜보자."**는 것입니다.

아이는 커 가면서 무엇을 할 수 있고 할 수 없는지를 스스로 학습합니다. 혼자 일어선 아이는 어느 순간 걸음을 떼려 걸음마를 시도하고, 걸음을 뗀 아이는 어떻게든 높은 곳으로 올라가려

합니다. 순간순간 자기의 능력으로 할 수 있는 일을 시도하면서 때로는 실패하고 때로는 다치기도 하면서 조금씩 성장합니다.

앞서 말한 헬리콥터 부모처럼 지나치게 간섭하고 보호하면 아이는 제 연령대에 겪어야 할 실패와 상처를 경험하지 못한 채 자랍니다. 자신이 어디까지 할 수 있는지 어떻게 하면 다치지 않는지를 몸으로 익히지 못하고 성장하죠.

예를 들어 세 살 정도의 아이가 2미터 높이를 혼자서 오를 수는 없습니다. 기껏 올라 봐야 1미터 정도입니다. 애써 올라간 곳에서 제대로 내려오지 못하고 굴러떨어져도 세 살 아이의 체중과 유연한 몸이라면 아프다고 울기는 하겠지만 그리 크게 다치지 않습니다.

하지만 "위험해서 안 돼."라고 제지당하면서 자란 일곱 살 아이라면 어떨까요? 신체적으로는 이제 2미터 높이쯤은 거뜬히 오르지만 1미터의 충격을 모르기 때문에 2미터 높이에서도 망설임 없이 뛰어내릴 수 있습니다. 이렇게 되면 오히려 큰 사고로 이어지기도 하겠지요.

이런 전제를 바탕으로 부모는 조금 떨어진 곳에서 슬쩍슬쩍 지켜봐 주기만 하면 됩니다. '안 돼!' 라고 소리치기 전에 아이가 몸으로 부딪치며 스스로 자기의 능력을 깨달아 가는 과정을 충분히 만끽할 수 있도록 기회를 주세요.

7~9세

포기하지 않는 마음이 가져다 준 결실을 경험한다

지나친 간섭을 자제하고 작은 일부터 맡기자

그러지 말아야지 하면서도 부모는 아이의 일에 불쑥 끼어들어 "안 돼."라고 외칩니다. 아이를 믿고 기다려 주기 위해선 의식적으로 부단한 훈련이 필요합니다.

"안 추워?", "배 안 고파?" 등등의 말도 너무 자주 합니다. 아이를 배려하고 걱정하는 마음에서 튀어나오는 말이지만 이런 말도 아이가 스스로 생각하고 행동할 기회를 빼앗습니다.

'추우니까 겉옷을 입어야 겠네, 얼른 가지러 가야지', '그러고 보니 배도 고프고 캄캄해졌네, 집에 빨리 가야겠다.' 이렇듯 아이는 스스로 생각하고 행동할 수 있습니다. 그러니 부모는 기다리는 훈련을 의식적으로 해야 합니다.

아이에게 요리와 빨래를 맡겨 본다든가, 부모 없이 노는 시간을 늘리는 등의 방법도 효과적입니다. 물론 안전을 확보한 상태에서 시도해 보기 바랍니다.

10~12세

포기하지 않는 마음에 대해 자주 말해 준다

혼자서 할 수 있는 일과 할 수 없는 일을 같이 의논한다

2019년 플로리다 주립대학 헤이레이 러브(Hayley Love) 교수 연구팀이 발표한 연구에 따르면 헬리콥터 부모에게서 자란 아이일수록 학교에서 '번아웃 증후군'을 겪는 경향이 높다고 합니다.[10]

번아웃 증후군은 2019년 세계보건기구(WHO)가 건강 상태에 영향을 미치는 요인의 하나로 지정할 정도로 심각한 문제입니다. 번아웃 증후군은 특정 삶의 방식과 정해진 대상을 향해 열심히

노력해 온 사람이 만성적인 스트레스가 지속되면서 허탈감과 무기력감에 휩싸인 나머지 보통의 사회생활을 할 수 없게 되는 상황을 가리킵니다. 지나친 보호와 간섭 속에서 수험생활을 하고 학습에 매진해 온 아이들도 번아웃 증후군에 빠질 위험이 있으므로 주의해야 합니다.

그렇다고 부모가 "네가 알아서 해."라는 식으로 갑자기 태도를 바꾸면 "엄마 아빠가 나한테 왜 이러지?"라고 아이의 마음에 소외감을 심어줄 수 있습니다. **우선은 아이가 혼자서 할 수 있는 일과 할 수 없는 일을 같이 상의하는 시간을 가져 보세요.** 그러고 나서 아이 혼자 할 수 있는 일을 점점 늘려 가면 됩니다.

아이는 늘 부모를 보고 있다

자신의 상태를 파악하고 곤란에 맞서 포기하지 않고 목표를 향해 계속 나가는 마음은 아이에게 성취감을 느끼게 해 줍니다. 그러면 스스로 목표를 확인하고 끝까지 최선을 다하는 경험이 쌓이면서 이 흐름을 계속 반복할 힘이 생깁니다.

이 연령대의 아이는 내 부모와 다른 부모가 반응하는 방식의 차이를 알아차립니다. 그리고 부모가 생각하는 것보다 훨씬 더 부모의 말과 행동을 유심히 지켜보고 있습니다. 부모가 '너를 믿고 지킬 테니까 스스로 생각해 봐.'라는 마음과 태도를 표현하는 일이 무엇보다 중요합니다. 이는 분명 아이에게도 전해집니다.

좋아서 하는 열정

스스로 성장할 수 있는 힘

인생의 목표가 되는 좋아서 하는 열정

실패야말로 좋아서 하는 열정의 원동력이 된다

자기가 좋아하는 일에 열정을 쏟는 일은 아이의 미래에 어떤 영향을 줄까요?

미국의 임상심리학자 조지프 버고(Joseph Burgo)는 저서 《마음의 문을 닫고 숨어버린 나에게》에서 사회적으로 성공했다고 인정받는 사람들을 연구한 결과, 명성과 부를 열망하는 경우보다도 **"그냥 오로지 순수하게 좋아하는 것에 매진하는 사람이 사회적으로 성공할 확률이 훨씬 높았다."**라고 말합니다.

2012년 하버드 교육대학원에 '변화 리더십 그룹'을 설립해

10년 동안 공동책임자로 일했던 토니 와그너(Tony Wagner) 교수는 자신의 저서와 동영상에서 다음과 같은 말을 해서 화제가 됐습니다.[1]

"앞으로 우리 사회에 필요한 능력은 **혁신가**가 되는 힘이다. 사회와 경제 환경이 급변하고 사회 구조가 변화하는 시대에는 주어진 일과 업무를 무리 없이 해내는 능력이 아니라 **새로운 상황에 능동적으로 대응하는 힘**이 필요하다."

새로운 상황에 대응하는 힘은 어떻게 하면 익힐 수 있을까요? 와그너 교수는 **실패할 기회를 주라**고 말합니다.

일찌감치 작은 실패를 경험하면 아이는 그 속에서 살아가는데 필요한 모든 것을 배웁니다. 아이가 실패할 만한 요소를 미리 제거하는 헬리콥터 부모는 아이가 실패할 기회마저 빼앗고 맙니다.

아이뿐만 아니라 어른도 실패에서 많은 것을 배웁니다. 하지만 '실패에 가치가 있다.'라고 머리로는 알지만, 부모 속마음은 실패보다 성공을 높이 평가하기 쉽고, 아이가 실패해서 상처받지 않도록 미리 환경을 만들어 주고 싶은 것이지요. 그러니 먼저 부모인 나부터 실패를 두려워하지 말고 '실패'를 '다시 도전할 수 있는 기회를 얻었다.'라고 흔쾌히 받아들여 보세요.

3P로 좋아서 하는 열정을 기른다

토니 와그너 교수는 **놀이**(play)→**열정**(passion)→**목적**(purpose)**의 3P가 혁신가를 움직이는 원동력**이라고 말합니다. 이때 놀이, 열정, 목적의 순서를 따라가는 것이 중요합니다.

놀이→열정→목적의 순서를 좇는 과정은 다음과 같은 이미지입니다.

①마음껏 논다.
②놀이 가운데에서 내가 좋아하는 것을 찾으면서 열정이 싹튼다.
③내가 좋아하는 것으로 누군가에게 도움이 되는 일을 하고 싶다는 목적이 생긴다.

스스로 결정하는 아이가 되는 마지막 조각

1장부터 4장까지 의사소통 능력, 사고력, 자기 긍정감, 포기하지 않는 마음 이렇게 4가지 능력을 살펴봤습니다. 이를 좋아서 하는 열정을 중심으로 재구성해 보겠습니다.

- **의사소통 능력:** 공원에서 형 오빠 언니 누나들과 놀다가 장수풍뎅이를 기르는 얘기를 듣는다.
- **사고력:** 장수풍뎅이에 대해 스스로 알아보고 생각하고 책을 읽어본다.
- **자기 긍정감:** 조사해 보니 장수풍뎅이에 대해 자세히 알게 되어 점점 자기 긍정감과 자기 효능감이 올라간다.
- **포기하지 않는 마음:** 시행착오를 거쳐 장수풍뎅이를 가장 잘 기르는 방법을 알아낸다.

이 과정을 거치면서 좋아서 하는 열정이 기능합니다. 장수풍뎅이에 대한 열정으로 여름방학 자유 연구 주제를 장수풍뎅이에 대한 관찰로 정하기도 하고, 나중에는 이 열정이 생물과 환경에 대한 관심으로도 넓혀집니다.

좋아서 하는 열정이 중요한 이유와 이를 기르기 위한 구체적인 방법을 살펴보겠습니다.

적은 개수의 장난감이 창의력을 높인다

"할아버지 할머니가 새 장난감을 자주 사다 주셔서 거실이 장난감으로 넘쳐납니다. 장난감을 이렇게 많이 줘도 괜찮을까요?"

발달과 인지 교육 측면에서 어떤 장난감을 어느 시기에 아이에게 주면 좋을지 고민하는 분이 많습니다. 장난감을 사다 주는 조부모의 마음은 고맙지만, 아이에게 새 장난감을 쉴 새 없이 안겨 주는 게 늘 찜찜합니다. 그 마음 잘 압니다.

장난감 개수와 관련한 아주 재미있는 연구가 있습니다.

톨레도대학의 알렉시아 메츠(Alexia E Metz) 교수 연구팀이 2017년에 발표한 논문에 따르면 아이들은 **장난감 개수가 적을수록 훨씬 창의적인 놀이를 했다**고 합니다.[2]

실험에서는 36명의 유아를 두 그룹으로 나눠서 서로 다른 놀이 공간으로 데리고 갔습니다. 한 곳은 장난감이 4개 있는 놀이터이고 다른 한 곳은 장난감이 16개 있었습니다.

아이들에게 그곳에서 혼자 30분간 놀라고 했습니다. 연구자들은 실험에 참가한 아이들이 얼마나 다양하고 창의적인 놀이를 하는지 쭉 관찰했습니다.

장난감, 몇 개가 적당할까?

단순한 장난감 4개 정도로 시작하자

그 결과 장난감이 4개 있는 놀이터의 아이들이 창의적인 놀이를 더 많이 했으며 장난감 하나를 가지고 노는 시간도 길었다고 합니다.

좋아하는 것을 찾기 위해서라면 단순한 장난감만

스스로 무언가를 창의적으로 만드는 힘을 기르기 위해서는 장난감 수가 적은 편이 좋습니다. 아이에게는 스스로 무언가를 만들어 내는 능력이 있습니다. 이를 살짝 도와주는 정도의 단순한 장난감이 1-2개 있으면 충분합니다.

앞에서 말한 좋아하는 것을 발견하고 추구하는 힘을 발휘하게 도와주는 3P를 다시 떠올려 보세요. **놀이**(play)→**열정**(passion)→**목적**(purpose)입니다. 장난감 개수와 창의성은 맨 처음 나오는 놀이에 해당합니다. 놀이 속에서 열정을 찾기 위해서는 장난감을 이용해 상상력을 불러일으키는 것이 첫걸음입니다.

우선은 단순한 장난감 4개 정도를 충분히 가지고 노는 것부터 시작합니다. 단, 앞의 연구 결과를 해석할 때 주의해야 할 점이 있습니다.

이 연구 결과는 장난감의 개수를 무조건 적게 가지고 놀아야 한다고 주장하는 게 아닙니다. 다만 창의력 측면에서 봤을 때 적은 개수의 장난감으로 놀 때 창의적인 놀이를 할 가능성이 더 높다는 것입니다. 창의성을 발휘하며 노는 일, 그것이 나중에 좋아하는 것에 돌진하는 열정이 될 가능성을 높입니다. 그럼 장난감 개수에 이어서 종류도 살펴보겠습니다.

가장 좋은 장난감은?

"어떤 장난감을 골라야 할지 몰라 고민입니다. 인지 발달에 좋다고 들어서 단순한 나무 블록 쌓기와 장식이 없는 블록 같은 것을 사 줄까 했는데 장난감 가게에는 알록달록하고 정교한 캐릭터 상품이 많더라고요. 아이는 이런 걸 더 좋아할 것 같기도 하고요."

요즘 나오는 장난감은 참 잘 만들어져 나옵니다. 아이스크림 가게 세트를 봤더니 콘, 컵, 토핑까지 정교하고 세밀하게 실물처럼 완벽히 구현해 놓았더라고요. 제가 어릴 때는 장난감이 이렇

단순한 장난감이 상상력을 키운다

아이의 상상력을 믿어 주자

게까지 정교하지 않았습니다. 그래도 소꿉놀이에 빠져 시간 가는 줄 몰랐습니다.

인지 교육에 좋다고 하는 목제 장난감이나 아무 장식이 없는 블록 등은 이런 멋진 장난감에 비하면 시시해 보입니다. 과연 아이의 상상력과 창의력을 기르는 데에는 어떤 장난감이 좋을까요?

일본 인지 교육 완구 협회는 인지 교육용 완구를 '**①오래 가지고 놀 수 있는 양질의 완구로 ②놀이를 통해 자연의 법칙을 배우고 ③집중력, 의욕, 사회성, 창의성, 끈기를 익힐 수 있는 문화적 가치가 있는 완구**'라고 정의하고 있습니다. 이 정의를 염두에 두면서 장난감을 살펴 볼까요?

캐릭터 장난감을 보면 아이는 그 순간에는 무척 좋아합니다. 하지만 아이가 커 갈수록 좋아하는 캐릭터는 여러 차례 바뀝니다. "이 캐릭터 이제 유치해."라는 이유로 장난감을 더 이상 거들떠보지 않기도 합니다. 오래도록 가지고 놀 수 있는 장난감이라는 관점에서 보자면 캐릭터 상품은 ①의 조건을 충족시키지 못합니다.

또한 완구매장의 장난감은 대부분 놀이방식이 정해져 있습니다. 아이스크림 가게 소꿉놀이 세트로는 케이크 가게, 빵 가게 소꿉놀이를 할 수 없어서 용도에 맞는 장난감을 따로 구매해야 합니다. 이런 형태의 장난감은 놀이의 준비단계에서 어떻게 갖고 놀아야 할지와 장난감의 배치 순서까지 설명서에 상세히 적혀 있어서 아이가 창의성과 자주성을 발휘할 틈을 주지 않습니다.

이런 점을 검토해 볼 때 **장난감은 사용 용도가 정해져 있지 않은 것이 좋습니다. 상상 속에서는 무엇으로든 변신할 수 있고 아이가 어떻게 만드는지에 따라 무엇이든 될 수 있는 완구가 좋습니다.**

눈앞에 크기도 종류도 다른 나뭇잎이 놓여 있습니다. 분명 아이는 나뭇잎만으로도 이런저런 놀이를 시작할 것입니다. 큰 나뭇잎을 접시 삼아 가늘고 긴 나뭇잎을 잘게 잘라서 "라면 드세요."라고 말합니다. 아이들끼리 작은 나뭇잎을 돈으로 정해서 라면 가게 놀이를 할 테고요. 이 과정을 통해 아이는 3P 가운데 첫 번째 P인 놀이(play)에서 두 번째 P인 열정(passion)으로 넘어갑니다.

아이들의 창의성, 상상력은 이렇게나 무궁무진하답니다.

공원에 가서 꼭 뭔가를 해야 할 필요가 없다

"주말에는 되도록 아이와 공원에 가려 합니다. 하지만 '오늘은

공원에서 뭘 해야 할지 모르겠다

공원에 갈 땐 빈손으로!

원반던지기 할까? 배드민턴도 준비해 가야겠지.' 등 뭘 하며 놀지 고민하느라 가기도 전에 지칩니다. 좋은 아이디어 없을까요?"

무엇이 나를 피곤하게 하는지 생각해 보세요. 아이와 공원에 간다고 가정하고 다음 질문에 답하세요.

①공원에 가서 무엇을 하려고 하나요?
②그것을 위해 준비해야 할 것이 있나요?

질문①에 뭐라고 답하셨나요?

"놀이 도구로 놀고 싶다." "바깥 놀이가 발달에 중요하다고 책에서 읽었는데 공원에 갔으니 뭔가 유용한 놀이를 하고 싶다." "운동 부족이니 뛰어놀았으면 좋겠다." 이런 대답들이 나올 수 있습니다. 이 질문은 어렵게 생각할 게 하나도 없습니다. 추천하는 대답은 **"아무런 계획이 없다."** 이걸로 충분합니다. 나중에 자세히 살펴볼게요.

질문②는 어떤가요?

원반던지기, 배드민턴, 공, 돗자리 등 여러 준비물이 떠오르겠지요. 공원에는 어떤 놀이기구가 있는지, 도시락을 싸 가는 편이 좋은지 등 준비하자면 한도 끝도 없습니다. 여기서도 추천하는 대답은 **"굳이 뭔가를 준비하지 않아도 된다."**입니다.

아름다운 세상을 그저 느끼기

공원은 정해진 놀이나 행동이 없이 그저 본 대로 느낀 대로 하면 되는 열린 공간입니다.

세계적으로 유명한 작가이자 생물학자이기도 한 레이첼 카슨(Rachel Carson)의 저서 《센스 오브 원더(sense of wonder)》에는 이런 구절이 있습니다.

"아름다운 것을 아름답다고 느끼는 감각, 새로운 것, 미지의 것을 만났을 때의 감탄, 감동, 애틋함, 찬탄과 애정 등 다양한 형태의 감정이 깨어난다면 이제 그 대상에 대해 더 잘 알고 싶어집니다."

이런 말도 합니다.

"아이들의 세상은 늘 생생하고 새로우며 아름답고 놀라움과 감동으로 넘쳐납니다. 안타깝게도 어른이 되기 전에 아주 투명했던 통찰력이 점점 사라지고 아름다운 것, 자연의 경이로움에 대한 감정은 둔해지고 어떨 때는 아주 잃어버리고 맙니다. 만약 내가 아이들의 성장을 지켜 줄 착한 요정에게 말을 할 수 있는 능력이 있다면, 세상의 아이들에게 평생 사라지지 않는 센스 오브 원더, 신비하고 오묘한 세상을 직감하는 감성을 달라고 부탁할 것입니다."

이 말은 5장의 주제, 좋아하는 것을 향해 돌진하는 열정을 기르는 일과도 통합니다.

오늘부터는 아이에게 뭐하면서 놀지에 대해 묻지 마세요. '뭐하며 놀까?'라고 물으면 아이는 뭔가 목적이 있는 놀이를 해야만 한다고 느낍니다. 아이는 마른 나뭇잎을 밟을 때 나는 소리와 젖은 나뭇잎을 밟을 때 나는 소리의 차이만으로도 놀이를 즐깁니다. 색깔이 다른 나뭇잎을 모아 소꿉놀이하고 모습이 비슷한 벌레를 찾아내 "엄마랑 아기인가?" 하고 묻습니다. 이것만으로도 참 훌륭합니다. 그러니 부모가 뭔가를 열심히 준비하지 않아도 되며 오히려 아무것도 하지 않는 편이 좋습니다.

어른은 잃어버렸을지도 모를 '센스 오브 원더'의 세계를 아이와 함께 느끼고 즐길 마음, 공원에 갈 때 필요한 건 이것뿐입니다.

뇌의 습관 때문에 단점만 본다

"아이 진로 때문에 걱정입니다. 요즘 아이 시험 때문에 제가 스트레스가 심하거든요. 진학 원서에 아이의 장점과 단점을 써야 하는데, 단점만 잔뜩 떠올라서 짜증 납니다."

인간의 뇌는 부정적인 정보를 더 강력하게 기억하며 우선 떠올립니다. 앞에서도 다뤘듯이 단점에만 눈이 가는 뇌의 특성을 '부정성 편향'이라고 합니다. 이번 주제에서는 뇌의 부정성 편향을 의식하면서 아이의 강점이 되는 장점을 찾아내고 기르는 방법에 대해 알아보겠습니다.

부정성 편향은 인간의 본능입니다. '저기서 다칠 뻔했다.', '이렇게 했더니 적에게 들켰다.'와 같이 생사가 달린 부정적인 경험을 강렬하게 기억하기 위해 뇌의 회로가 움직이고 이에 따른 사고 습관이 형성됩니다.

하지만 현대사회에서는 부정성 편향이 생사가 걸린 위험한 상황보다는 일상의 자잘한 실수나 실패를 매우 크게 느끼도록 만드는 그다지 고맙지 않은 기능으로 작용합니다.

아이의 단점만 보인다

↓

아이가 좋아하는 것 찾기

부정의 반대인 긍정, 즉 장점으로 방향을 바꾸면 어떨까요?

최근 **강점에 초점을 맞춘 육아가 주목받고 있습니다.** 간단히 말하면 아이가 잘하는 방향성을 빨리 발견하고 약점일지도 모르는 방향성에 대해서는 되도록 신경 쓰지 않는 것이죠.

강점 육아는 **있는 그대로의 자신을 받아들이는 자기 긍정감, 잘하는 점을 자신의 능력으로 밀고 나가는 자기 효능감 2가지 모두를 충족시킬 수 있습니다.**

강점 육아는 구체적으로 다음의 세 단계를 밟습니다.

①아이의 강점을 안다.

②아이에게 강점을 알기 쉽게 전달한다.

③강점을 활용한다.

멜버른대학 리 워터스(Lea Waters) 교수가 강점 육아와 관련해 매우 흥미로운 연구 결과를 내놓았습니다.[34] 자신의 강점을 모르는 사람의 행복도를 1이라고 했을 때 자신의 강점을 아는 사람은 모르는 사람에 비해 행복도가 9.5배 높고, 자신의 강점을 실제로 생활에 활용하는 사람은 그렇지 않은 사람에 비해 19배나 행복도가 높다고 합니다.

즉 아이에게 자기의 강점을 알게 하고 쓰게 하는 것만으로 아이의 행복도는 크게 올라가지요.

아이가 좋아하는 것부터 찾기

우선 아이의 강점을 찾아내는 일부터 해야겠죠. 무엇을 좋아하고 잘하게 될지는 정말 미지수입니다. **여러 가지 것들을 폭넓게 접해 보는 수밖에 없습니다.**

이를 위해서는 TV, 유튜브 등도 활용합니다. 부정적인 측면이 많이 거론되는 미디어이지만 **강점의 근원이 되는 좋아하는 것을 찾을 때에는 유용한 수단으로 쓰이기도 합니다.** 물론 먼저 아이와 사용 시간과 사용 방법 등을 충분히 상의한 후에 써야겠지요.

어쩌면 유튜브에서 우연히 마이클 잭슨을 보고 충격을 받아 댄스의 세계에 입문했다가 나중에 브로드웨이의 무대에 서게 될지도 모릅니다. 좋아하는 것의 씨앗이 어디에 떨어져 있을지 모르니 주의 깊게 살펴야겠지요. 유튜브를 보여 주는 동안 부모는 잠깐의 자유 시간을 누릴 수 있겠다고 좋아하셨을까요. 그 기분은 잘 알겠지만 아이가 좋아하는 것을 찾는 과정이라 여기고 아이와 함께 시청하거나 옆에서 아이의 반응을 지켜봐 줄 것을 권합니다.

그렇다고는 해도 아이가 커 갈수록 단점에만 눈이 가고 신경 쓰이는 마음, 저도 잘 압니다.

그럴 때는 일단 아이에게서 멀리 떨어져서. 혼자 조용히 차를 마시거나 좋아하는 영상을 보거나 책을 읽으면서 마음을 가라앉혀 보세요. **마음이 초조할 때는 아이에게 상처 주는 말을 나도 모르게 내뱉게 됩니다.** 아이와의 사이에 돌이킬 수 없는 뼈아픈 기억을 만들지 않기 위해서라도 일단 아이와 함께 있는 자리를 피하십시오. 단 5분이라도 아이가 없는 공간에서 잠시 숨을 고를 수 있는 여유를 가져 봅시다.

지금까지 좋아서 하는 열정을 기르기 위해 유효한 원칙을 소개했습니다. 이어서 아이의 발달 단계별로 일상생활에 바로 적용할 수 있는 실천적인 방법을 살펴보겠습니다.

좋아서 하는 열정을 키우는 연령별 실천법

취향을 존중한다

아이의 선택을 부정하지 않는다

아이의 취향을 믿읍시다. 예를 들어 아이가 맑고 화창한 날에 장화를 신겠다고 고집을 피웁니다. '사람들이 이상하게 보진 않을까.' '애를 저렇게 뒀다고 부모를 욕하지는 않을까.' 이런 생각으로 안절부절못합니다. 하지만 이런 생각은 아이를 신뢰하지 못한다는 증거일지도 모릅니다.

아이가 "장화가 너무 좋아, 꼭 신고 싶어."라고 말한다면 그걸로 된 겁니다. 마음껏 신게 해 주세요.

"그렇구나, 멋지다. 장화 신고 갈까?" 하고 부모가 선뜻 말해 주면 아이는 '내가 좋아하는 건 멋진 거야.', '내 생각을 인정해 준다.'라고 느낍니다. 이 경험이 좋아하는 것을 향해 돌진해 나가는 힘이 됩니다.

저희 아이도 자기가 마음에 들어 하는 옷 딱 두 벌만 입던 시기가 있었습니다. 주위 엄마들은 '저 집은 아이 옷도 사 주지 않나 봐. 불쌍해라.'라고 생각했을지도 모릅니다. 주위의 시선엔 신경 쓰지 말고 '아이는 지금 자기가 좋아하는 것을 즐기고 있다.'라고 자부하며 아이의 취향을 존중해 주세요.

장난감이 없는 곳으로 간다

아무것도 없는 곳이야말로 아이가 어떤 것을 보고 듣고 만지고 어떻게 느끼고 무엇을 하고 싶어 하는지 관찰할 수 있는 최고의 장소입니다. 긴 시간 쭈그려 앉아 개미집을 뚫어져라 보는 아이도 있을 겁니다. 나뭇잎 사이로 비치는 빛의 모양이 시시각각 변하는 모습에 오래도록 빠진 아이도 있겠지요. 열심히 도토리를 찾아다니는 아이도 있고요.

그때가 기회입니다. **아이가 무엇을 하는지 관찰해 보세요.** 스마트폰도 카메라도 잠시 내려놓습니다. '이 애는 이걸 보며 이런 반응을 보이는구나.'라고 분명 아이의 새로운 모습을 발견하게 될 것입니다.

거실에 책장을 둔다

아이의 시선이 닿는 위치에 책장을 두면 공원에서 돌아온 후에 절대적인 위력을 발휘합니다. 부모가 "그거 알아볼까?" 하고 먼저 권하지 말고 **아이가 스스로 생각하고 움직일 때까지 기다립니다.**

별 흥미를 보이지 않는 기간이 이어질지도 모릅니다. 그렇더라도 언젠가 분명 스스로 발견한 좋아하는 것에 대해 더 알고 싶어서 뭔가를 찾아보려 할 겁니다. 책장에는 도감과 백과사전 등을 놔두면 좋겠지요.

7~9세

좋아하는 일, 재미있는 일을 만날 다양한 기회

아이의 취향을 존중한다

부모는 벌레가 정말 싫더라도 아이에게 똑같이 반응하도록 요구하거나 공감을 요구해서는 안 됩니다. 유심히 벌레를 관찰하는 아이에게 "징그러우니까 저리 치워!"라고 강하게 거부하면 벌레에 대한 아이의 관심에 뚜껑을 꽁꽁 닫는 셈입니다. 아이가 무엇을 좋아할지 모르니 아이의 좋고 싫음에 영향을 끼칠 만한 말을 하지 않도록 주의하세요.

"하면 어떨까?"라고 말한다

아이가 컵에 우유를 가득 따라서 들고 나오는 모습을 봤습니다. 부모는 얼떨결에 "그렇게 넘치게 따르면 어떡해! 다 흘리잖아!"라는 말이 튀어나옵니다. 이런 명령형 말투는 통제형 육아를 할 때 나오기 쉽습니다.

그때는 잠시 숨을 고릅니다. 아이도 뭔가 생각과 할 말이 있을 거예요. “왜 그렇게 많이 따랐어? 깜짝 놀랐네.” 하고 웃어넘길 정도의 여유가 있으면 좋겠지요.

물론 현실은 그리 만만치 않지만요. 명령형 말투를 계속 듣거나 자신이 좋다고 생각하는 것을 일방적으로 부정당하는 경험을 반복하면 결국 아이는 스스로 생각하고 움직이는 일을 그만두게 됩니다.

오차노미즈 여자대학 우치다 노부코(内田伸子) 명예교수는 이를 **공유형 훈육**과 **강제형 훈육**이라는 개념으로 설명합니다.

공유형 훈육을 하는 부모는 제안형으로 말합니다. “양말 신을래? 그러면 발이 따뜻해질 거야.” 이처럼 이유를 대면서 아이에게 생각할 여지를 주는 제안형 말투를 씁니다.

한편 강제형 훈육은 “양말 신어!”라고 명령형으로 말합니다. 명령형은 아이에게 생각할 틈을 주지 않고 아이의 취향을 꺾어 버립니다.

공유형 훈육에서는 아이를 칭찬하고 격려하고 생각할 여지를 주는 말투를 많이 씁니다.

한편 강제형 훈육은 아이를 통제하는 지시형, 명령형 말투를 주로 씁니다. 그 결과 아이는 부모의 눈치를 살피며 지시를 기다립니다.

내가 좋아하는 걸 부모가 존중한다고 느낄 수 있도록 **우선은 명령형 말투를 멀리하세요. 말의 어미를 "하면 어떨까?"로 바꾸면 좋습니다.** 좋아하는 것을 존중받는 경험을 통해 좋아서 하는 열정이 일상 속에 차근차근 쌓여 갈 것입니다.

아이의 작품을 존중

아이가 만든 작품은 참 독특합니다. 도대체 뭘 만들었는지 잘 모를 때조차 많습니다. 하지만 아이가 그림을 그리거나 만들기를 하는 등에 몰두해 있는 모습을 보면 얼마나 몸과 마음을 다해 그 순간을 즐기는지 또렷이 보입니다. 아이가 열정에 들떠서 몰두한다는 것을 쉽게 알 수 있습니다.

그때 부모는 아이가 하는 일에 끼어들어 "뭘 그려?", "우와, 강아지가 참 귀엽네." 등 참견하고 싶어집니다. 하지만 이때만은 꾹 참고 아무 말도 하지 말고 그냥 지켜만 보세요. "뭘 그려?"라는 질문을 받으면 아이는 '뭔가 의미 있는 것을 그려야 하나? 보이지 않는 건 그리면 안 되나?' 하고 느끼기도 합니다. 그저 즐겁게 색을 섞어 보고 싶어서 혹은 연필의 촉감이 좋아서 단지 그것 때문에 그림을 그리고 있어도 아이는 아주 멋진 시간을 보내고 있는 것입니다.

우선 "와!" 하고 감탄해 주세요. 그걸로 충분합니다. 그리고 아무 말도 안 하면 아이는 분명 무엇을 하고 있었는지, 무엇을 하고 싶었는지, 어떤 느낌을 받았는지 종알종알 얘기할 겁니다.

인공 지능(AI)의 능력이 빠르게 발달하면서 인간의 뇌가 실행하는 패턴 인식 능력이 또다시 주목받고 있습니다. 존스홉킨스대학 메디컬스쿨 교수이자 뇌과학자인 마크 패트슨은 "인류의 예지력의 근원은 인간이 지닌 패턴 인식 능력에 있다."라고 말합니다. 패턴 인식 능력을 기르기 위해서도 아무런 선입견 없이 그림을 보고 느끼는 일은 무척 중요합니다.[5]

10~12세

신뢰를 바탕으로 자유를 준다

게임, 애니메이션, 만화 등은 일단 끝장을 보자

초등학교 고학년이 되면 게임, 애니메이션, 만화 등에 빠지는 아이가 많습니다. 시간을 제한하는 등의 규칙을 정하는 가정도 있겠지만 규칙으로 아이를 압박하는 일도 한 번쯤 생각해 봐야 할 부분입니다.

인간은 자기의 생각을 일방적으로 부정당하면 순간적으로 이에 반발하는 마음이 생깁니다.

1966년 캔자스대학 명예교수 잭 브렘(Jack W. Brehm)은 이를 **'심리적 반발 이론'**으로 설명했습니다. 인간은 자신이 자유롭게 선택할 수 있는 것에 대해 선택을 제한당하거나 강요당하면 저항심과 반발심이 생긴다고 합니다.[6] 부모가 "빨리 숙제해!"라고 말한 순간 할 의욕이 사라졌던 경험이 한 번쯤은 있을 거예요. 그때의 심리 상태가 바로 심리적 반발입니다.

그러므로 게임, 애니메이션, 만화도 **아이가 스스로 제어할 수**

있는 힘이 있음을 믿고 이를 존중하는 태도를 보여 줄 때 아이와의 대화가 가능합니다. 아이와 이야기할 때는 이런 전제에서 출발해야 합니다. "엄마 아빠는 네가 게임을 하고 싶어 하는 마음을 이해하고 그 마음을 존중한다. 언제, 얼마나 할지는 스스로 정해도 좋은데 규칙을 정하고 나면 지키는 게 중요하다."

이 방법이 현재로서는 가장 좋은 길입니다.

게임이나 애니메이션, 만화 등은 좋아하는 것을 발견하고 끝까지 빠져 본다는 점에서는 강한 이점이 있습니다. 이를 계기로 아이가 엉뚱한 곳에서 인생을 걸고 도전할 만한 뭔가를 발견할 가능성도 있습니다. 무턱대고 싫어하지만 말고 긴 안목으로 지켜봐 주세요.

• 작가의 글 •

끝까지 읽어 주셔서 고맙습니다.

저에게는 두 딸이 있습니다. 이 책을 쓰는 지금 세 살, 여섯 살이니 엄마 경력이 아직 6년밖에 안 됩니다. 그러니 이 책은 "이런 육아법으로 아이가 이렇게 훌륭하게 자랐으니 꼭 이 육아법을 시도해 보세요!"라고 권하는, 아이를 훌륭하게 키워 낸 대단한 선배 엄마가 쓴 육아 지침서는 아닙니다.

첫째 애를 낳았을 무렵 저는 대학원 박사과정 중이었습니다. 모유 수유 중인 아이를 한 손에 안고 대학과 국립 연구소에서 연구원으로 일하며 전 세계의 다양한 논문을 매일같이 읽었습니다.

마침 그때 하버드대학의 유명한 사회 역학 연구자들이 집필한 교재를 번역 출판하는 프로젝트팀에 참가할 기회를 얻었습니다. 그 프로젝트가 계기가 되어 그동안 해 왔던 의학 연구를 벗어나 사회학, 교육학, 경제학에 이르기까지 관심을 넓히게 됐습니다.

저는 사회 역학의 역사를 돌아보는 장을 맡았습니다. '페리 유치원 프로젝트'라 부르는 '질 높은 유아 교육은 프로그램 비용 1달러당 약 7.16달러의 성과가 예상된다.'라는 연구였습니다. [현재도 추적조사가 이루어지는 중인데 모집단이 작다는 등을 이유로 연구 결과에 의문을 제기하는 목소리도 있습니다. 노벨경제학상을 수상한 제임스 헤크먼(James Heckman)이 연구를 담당했습니다.]

줄곧 의학 연구에 몸담아 왔던 저는 별개의 분야로 여겼던 의학, 사회학, 교육학, 경제학의 연구 범위가 의외로 밀접히 연관되어 있고 연구가 실생활에 직결된다는 사실에 무척 놀랐습니다. 그래서 관련 분야의 연구 논문을 연간 500편 넘게 읽었습니다. 연구하면 할수록 이렇게나 재미있고 생활에도 직결되는 사회 역학을 가능한 많은 사람들에게 소개하고 싶었습니다.

'프롤로그'에도 썼습니다만 부모는 아이가 행복한 인생을 살기를 막연히 소망합니다. 부모라면 누구나 아이의 행복을 바라고 어떻게든 행복하게 해 주고 싶어 하지만 그 길은 찾기가 그리 간단치 않습니다. 한편 과학 분야에서는 아이를 행복하게 만드는 방법 자체를 찾아내지는 못했지만 어떨 때 행복을 느끼는지는 조금씩 밝혀지고 있습니다.

그 키워드가 바로 이 책의 주제인 '자기결정'입니다.

그러고 보니 떠오르는 일화가 있습니다. 아이가 '싫어'병에 걸리는 서너 살쯤 됐을 때 현관에서 "싫어! 그거 아냐!" 하고 신발을 안 신고 버텨서 난감했던 적이 있습니다. 그럴 때는 신발장의 신발을 전부 꺼내 "신고 싶은 신발을 골라 봐! 엄마 하이힐도 아빠 구두도 다 괜찮아!"라고 말해 줬다면 어땠을까 싶습니다. 결국에는 그러는 편이 아이가 더 빨리 신발을 신지 않았을까요?(단, 시간도 있고 부모가 마음의 여유도 있을 때만 가능하겠지만요.)

"이렇게 해 주면 좋아할까?" 싶은 선택지가 마음 어딘가에 있다는 것만으로 우선은 충분합니다. 부모 또한 고민하고 노력한다는 증거니까요!

육아에 대해 다 안다는 듯이 이런 책을 썼습니다만 저 또한 두 아이의 엄마로, 의사로, 연구자로 바쁜 일상에 쫓기며 아이와 매일 아웅다웅합니다.

그런 일상을 버티게 해 주는 것이 이 책의 바탕이 되는 전 세계 과학자들이 탐구한 신뢰도 높은 연구 결과입니다.

아이가 조금이라도 행복한 삶을 살기 바라는 소망으로 하루하루 아이와 진심으로 마주하고 있을 보호자 분들께 이 책이 조금이라도 도움이 되고 힘이 되어 줄 수 있다면 더 바랄 게 없을 듯 합니다. 많은 아이가 스스로 결정하는 일의 즐거움과 기쁨을 당연한 것처럼 손에 쥘 수 있는 미래를 살아가기를 바랍니다.

저 혼자 힘으로는 결코 여기까지 오지 못했을 것입니다.

저를 믿고 지지해 준 출판사 편집팀 분들, 빈틈이 많은 엄마인 저에게 다음날 학교 준비물을 슬쩍 알려 주는 등 세심하게 챙겨 주는 아이 친구 엄마들, 항상 함께 임상과 연구를 하며 도움을 주는 일터의 친구들, 하늘나라에 계신 아버지와 딸의 천방지축에 이젠 이골이 나셨을 엄마, 그리고 남동생. 여기 다 쓸 수 없을 정도로 많은 분들에게 큰 도움을 받았습니다. 감사합니다.

그리고 무엇보다 허둥지둥 정신없는 나날에도 같이 웃으며 밝고 즐겁게 지내는(그러리라고 믿습니다.) 정말 사랑하고 정말 소중한 두 딸과 늘 온화한 미소로 든든하게 옆을 지켜 주는 배우자에게 끝없는 사랑과 감사를 보냅니다!

• 참고 문헌 •

프롤로그

1 https://www.rieti.go.jp/jp/publications/rd/126.html

2 Sahakian, B. J. Labuzetta, J. N. (2013). *Bad moves: how decision making goes wrong, and the ethics of smart drugs*. London: Oxford University Press.

1장

1 Lake B.M, Ullman T.D, Tenenbaum J.B, Gershman S.J. Building machines that learn and think like people. *Behav Brain Sci.* 2017 Jan;40:e253. doi: 10.1017/S0140525X16001837. Epub 2016 Nov 24. PMID: 27881212.

2 Hart, B., & Risley, T. R. (1992). American parenting of language-learning children: Persisting differences in family-child interactions observed in natural home environments. *Developmental Psychology*, 28(6), 1096-1105.

3 Pace, A., Alper, R., Burchinal, M. R., Golinkoff, R. M., & Hirsh-Pasek, K. (2019). Measuring success: Within and cross-domain predictors of academic and social trajectories in elementary school. *Early Childhood Research Quarterly*, 46, 112-125

4 Robert D. Nye, *(1991), Three Psychologies: Perspectives from Freud, Skinner, and Rogers*, Brooks/Cole Pub Co.

5 Hattangadi, N., Cost, K.T., Birken, C.S. et al. Parenting stress during infancy is a risk factor for mental health problems in 3-year-old children. *BMC Public Health* 20, 1726 (2020).

6 Daundasekara, S. S., Beauchamp, J. E. S., & Hernandez, D. C. (2021). Parenting stress mediates the longitudinal effect of maternal depression on child anxiety/depressive symptoms. *Journal of Affective Disorders*, 295, 33-39.

7 Abrarson, L.Y., Garber, J., & Seligman, M.E.P.1980 Learned helplessness in humans: An attributional analysis. In J., Garber, & M.E.P. Seligman (eds.) *Human helplessness: Theory and applications.* Academic Press, p.3-34.

8 Radesky J, Miller A.L, Rosenblum K.L, Appugliese D, Kaciroti N, Lumeng J.C. Maternal mobile device use during a structured parent–child interaction task. *Acad Pediatr.* 2015 Mar–Apr;15(2):238–44. doi: 10.1016/j.acap.2014.10.001. Epub 2014 Nov 22. PMID: 25454369; PMCID: PMC4355325.

2장

1 Jeannette M Wing. Computational Thinking. *Communications of the ACM* 49 (3):33–35March 2006, DOI:10.1145/1118178.1118215

2 Askew C, Field A.P. The vicarious learning pathway to fear 40 years on. *Clin Psychol Rev.* 2008 Oct;28(7):1249–65. doi: 10.1016/j.cpr.2008.05.003. Epub 2008 May 16. PMID: 18614263.

3 Muris P, Field A.P. The role of verbal threat information in the development of childhood fear. "Beware the Jabberwock!". *Clin Child Fam Psychol Rev.* 2010 Jun;13(2):129–50. doi: 10.1007/s10567-010-0064-1. PMID: 20198423; PMCID: PMC2882043.

4 Fliek L, Dibbets P, Roelofs J, Muris P. Cognitive Bias as a Mediator in the Relation Between Fear–Enhancing Parental Behaviors and Anxiety Symptoms in Children: A Cross–Sectional Study. *Child Psychiatry Hum Dev.* 2017 Feb;48 (1):82–93. doi: 10.1007/s10578-016-0655-2. PMID: 27286719; PMCID: PMC5243885.

5 Wood J.J, McLeod B.D, Sigman M, Hwang W.C, Chu B.C. Parenting and childhood anxiety: theory, empirical ndings, and future directions. *Child Psychol Psychiatry.* 2003 Jan;44(1):134–51. doi: 10.1111/1469-7610.00106. PMID: 12553416.

6 McLeod B.D, Wood J.J, Weisz J.R. Examining the association between parenting and childhood anxiety: a meta–analysis. *Clin Psychol Rev.* 2007 Mar;27(2):155–72. doi: 10.1016/j.cpr.2006.09.002. Epub 2006 Nov 16. PMID: 17112647.

7 Mueller C.M, Dweck C.S. Praise for intelligence can undermine children's motivation and performance. *J Pers Soc Psychol.* 1998 Jul;75(1):33–52. doi: 10.1037//0022-3514.75.1.33. PMID: 9686450.

8 Henderlong J, Lepper M.R. The effects of praise on children's intrinsic motivation: a review and synthesis. *Psychol Bull.* 2002 Sep;128(5):774–95. doi: 10.1037/0033-2909.128.5.774. PMID: 12206194.

9 Zentall S.R, Morris B.J. "Good job, you're so smart": The effects of inconsistency of praise type on young children's motivation. *J Exp Child Psychol.* 2010 Oct;107(2):155–63. doi: 10.1016/j.jecp.2010.04.015. Epub 2010 Jun 8. PMID: 20570281.

10 Hurlock, E.B. (1925). An Evaluation of Certain Incentives Used in School Work. *Journal of Educational Psychology*, 16(3): 145–159.

11 Delgado E, Serna C, Martínez I, Cruise E. Parental Attachment and Peer Relationships in Adolescence: A Systematic Review. *Int J Environ Res Public Health.* 2022 Jan 18;19(3):1064. doi: 10.3390/ijerph19031064. PMID: 35162088; PMCID: PMC8834420.

12 Dickinson, D.K. & Tabors, P.O. (2001). *Beginning Literacy with Language: Young Children Learning at Home and School.*

13 Moore, M., & Russ, S. W. (2008). Follow-up of a pretend play intervention: Effects on play, creativity, and emotional processes in children. *Creativity Research Journal*, 20(4), 427–436.

14 Dickinson, D.K., & Tabors, P.O. (Eds.). (2001). *Beginning literacy with language: Young children learning at home and school.* Paul H. Brookes Publishing Co.

15 호시 도모히로 저, 이지현 역, 『생각법이 달라지는 스탠퍼드 교육법』, 유노라이프, 2023.

16 Muijs, D. and Bokhove, C. (2020). *Metacognition and Self- Regulation: Evidence Review.* London: Education Endowment Foundation

17 Veenman, M.V.J., Van Hout-Wolters, B.H.A.M. & Af erbach, P. Metacognition and learning: conceptual and methodological considerations. *Metacognition Learning* 1, 3–14 (2006).

18 Mischel, Walter; Ebbesen, Ebbe B.; Raskoff Zeiss, Antonette (1972). "Cognitive and attentional mechanisms in delay of grati cation." *Journal of Personality and Social Psychology* 21 (2): 204–218.

1 Sherman, D. A. K., Nelson, L. D., & Steele, C. M. (2000). Do messages about health risks threaten the self? Increasing the acceptance of threatening health messages via self-af rmation. *Personality and Social Psychology Bulletin*, 26(9), 1046–1058.

2 Twenge, J. M., & Campbell, W. K. (2009). *The narcissism epidemic: Living in the age of entitlement*. Free Press

3 Mueller C.M, Dweck C.S. Praise for intelligence can undermine children's motivation and performance. *J Pers Soc Psychol*. 1998 Jul;75(1):33–52. doi: 10.1037//0022-3514.75.1.33. PMID: 9686450.

4 Ryan, R. M., & Deci, E. L. (2017). *Self-determination theory: Basic psychological needs in motivation, development, and wellness*. The Guilford Press.

5 Deci, E. L. (1971). Effects of externally mediated rewards on intrinsic motivation. *Journal of Personality and Social Psychology*, 18(1), 105–115.

6 Lepper, M. R., Greene, D., & Nisbett, R. E. (1973). Undermining children's intrinsic interest with extrinsic reward: A test of the "overjusti cation" hypothesis. *Journal of Personality and Social Psychology*, 28(1), 129–137.

7 Kasser, T., & Ryan, R. M. (1996). Further examining the American dream: Differential correlates of intrinsic and extrinsic goals. *Personality and Social Psychology Bulletin*, 22(3), 280–287.

8 Williams, G. C., Cox, E. M., Hedberg, V. A., & Deci, E. L. (2000). Extrinsic life goals and health-risk behaviors in adolescents. *Journal of Applied Social Psychology*, 30(8), 1756–1771.

9 Chapman B.P, Fiscella K, Kawachi I, Duberstein P, Muennig P. Emotion suppression and mortality risk over a 12-year follow-up. *J Psychosom Res*. 2013 Oct;75(4):381–5. doi: 10.1016/j.jpsychores.2013.07.014. Epub 2013 Aug 6. PMID: 24119947; PMCID: PMC3939772.

10 Spencer, S. J., Steele, C. M., & Quinn, D. M. (1999). Stereotype threat and women's math performance. *Journal of Experimental Social Psychology*, 35(1), 4–28.

11 https://www.mext.go.jp/a_menu/shougai/katei/__icsFiles/afieldfile/2015/07/13/1357460_03.pdf (Cited 2023 Jun 18)

4장

1 앤절라 더크워스 저, 김미령 역, 『그릿』, 비지니스북스, 2019

2 Mueller C.M, Dweck C.S. Praise for intelligence can undermine children's motivation and performance. *J Pers Soc Psychol.* 1998 Jul;75(1):33–52. doi: 10.1037//0022-3514.75.1.33. PMID: 9686450.

3 https://prtimes.jp/main/html/rd/p/000000136.000030850.html (Cited 2023 Jan 18)

4 보크 시게코 저, 오현숙 번역, 『하라고 하면 하지 않는 아이가 된다』, 피넛, 2024.

5 Siegel, D. J., & Bryson, T. P. (2018). *The yes brain: how to cultivate courage, curiosity, and resilience in your child.* First edition. New York, Bantam.

6 Schiffrin, H.H., Liss, M., Miles-McLean, H. et al. Helping or Hovering? The Effects of Helicopter Parenting on College Students' Well-Being. *J Child Fam Stud* 23(3):548–557 (2014).

7 Reed, K., Duncan, J.M., Lucier-Greer, M. et al. Helicopter Parenting and Emerging Adult Self-Ef cacy: Implications for Mental and Physical Health. J Child Fam Stud 25(10):3136–3149 (2016).

8 Perry N.B, Dollar J.M, Calkins S.D, Keane S.P, Shanahan L. Childhood self-regulation as a mechanism through which early overcontrolling parenting is associated with adjustment in preadolescence. *Dev Psychol.* 2018 Aug;54(8):1542–1554. doi: 10.1037/dev0000536. Epub 2018 Jun 18. PMID: 29911876; PMCID: PMC6062452.

9 Setoh, Peipei & Zhao, Siqi & Santos, Rachel & Heyman, Gail & Lee, Kang. (2019). Parenting by lying in childhood is associated with negative developmental outcomes in adulthood. *Journal of Experimental Child Psychology.* 189. 104680. doi: 10.1016/j.jecp.2019.104680.

10 Love, H., May, R.W., Cui, M. et al. Helicopter Parenting, Self-Control, and School Burnout among Emerging Adults. *J Child Fam Stud* 29, 327–337

(2020).

5장

1 Wagner, T., & Graham, H. (2014). *Creating innovators: The making of young people who will change the world.* Unabridged. Prince Frederick, Recorded Books, Inc.

2 Dauch C, Imwalle M, Ocasio B, Metz A.E. The in uence of the number of toys in the environment on toddlers' play. *Infant Behav Dev.* 2018 Feb;50:78–87. doi: 10.1016/j.infbeh.2017.11.005. Epub 2017 Nov 27. PMID: 29190457.

3 Waters L, Loton D.J, Grace D, Jacques–Hamilton R, Zyphur M.J. Observing Change Over Time in Strength–Based Parenting and Subjective Wellbeing for Pre–teens and Teens. *Front Psychol.* 2019 Oct 10;10:2273. doi: 10.3389/fpsyg.2019.02273. PMID: 31649593; PMCID: PMC6795758.

4 Waters, Lea. (2015). The Relationship between Strength–Based Parenting with Children's Stress Levels and Strength–Based Coping Approaches. *Psychology.* 06. 689–699. 10.4236/ psych.2015.66067.

5 Seligman M.E, Steen T.A, Park N, Peterson C. Positive psychology progress: empirical validation of interventions. *Am Psychol.* 2005 Jul–Aug;60(5):410–21. doi: 10.1037/0003–066X.60.5.410. PMID: 16045394.

6 Brehm, J. W. (1966). *A theory of psychological reactance.* Academic Press.

피그말리온 004

스스로 결정하는 아이

1판 1쇄 인쇄 2025년 2월 7일
1판 1쇄 발행 2025년 2월 19일

지은이 야나기사와 아야코
옮긴이 양지연
펴낸이 김영곤
펴낸곳 (주)북이십일 21세기북스

콘텐츠TF팀 김종민 신지예 이민재 진상원 이희성 한이슬
출판마케팅팀 남정한 나은경 최명열 한경화 권채영
영업팀 변유경 한충희 장철용 강경남 황성진 김도연
제작팀 이영민 권경민
편집 꿈틀 **디자인** design S

출판등록 2000년 5월 6일 제406-2003-061호
주소 (10881) 경기도 파주시 회동길 201(문발동)
대표전화 031-955-2100 **팩스** 031-955-2151 **이메일** book21@book21.co.kr

ISBN 979-11-7117-984-8 (03590)

사춘기 성장 근육을 키우는 뇌·마음 만들기

천 번을 흔들리며 아이는 어른이 됩니다

"결국 해내는 기적은 네 안에 있어!"
30년간 아이들의 마음 성장을 이끈
서울대병원 김붕년 교수 화제의 신간

김붕년 지음 | 값 17,800원 | 220쪽

꾸짖지 않는 것이 아이를 망친다

칭찬으로 넘어진 아이 꾸중으로 일어선 아이

현직 학교 상담사가
'꾸짖지 않는 교육'에 경종을 울리는
일본 아마존 교육 분야 베스트셀러

야부시타 유, 코사카 야스마사 지음
김영주 옮김 | 값 19,800원 | 272쪽